Software Design plus

イラストでわかる

Docker と Kubernetes

改訂
新版

DK

徳永 航平

tes

ocker

Build

Ship

Run

技術評論社

はじめに

　本書はコンテナ技術にはじめて触れる方を対象に、DockerとKubernetesの基本的な機能の概要を、コンテナの仕組みをふまえつつとらえられるようにすることを目指しました。各ツールが持つ基本的な機能に加えて、コンテナの構造や、DockerとKubernetesがコンテナを作る仕組みの概要も紹介します。

　一般にあまり焦点を当てて取り上げられることは多くありませんが、「コンテナランタイム」という種類のソフトウェアも本書で扱う中心的なトピックの1つです。コンテナランタイムはコンテナ技術における最も基礎的なソフトウェアといえます。その重要な役割に「コンテナを作り出し管理すること」があります。Docker・Kubernetesのどちらも、コンテナを作成・管理するためにコンテナランタイムを内部で用いており、コンテナ技術における縁の下の力持ちのような役割を担っています。このコンテナランタイムや、それから作り出されるコンテナの構造への基本的な知識は、本書で扱っていないDocker・Kubernetesの機能や、他のコンテナ関連ツールを学ぶ際にも、その理解の助けになるでしょう。

　また、文章やコマンドだけではイメージしづらい概念については、なるべく図を用いて、それらを視覚的にとらえられるよう心掛けました。

　本書が皆様のコンテナライフスタートの一助となることを願ってやみません。

2024年　早春　徳永航平

謝辞

　本書の執筆にあたって、第1版に引き続き、その改訂版である本書においても、執筆初期から手厚くレビューにご協力いただきました須田瑛大様（日本電信電話株式会社）、中澤大輔様、誠にありがとうございました（氏名は五十音順）。

　また、本書は月刊Software Design誌の特集記事がもとになっています。この原稿執筆依頼を受けたときから、お世話になっている技術評論社の池本公平様には、さらに本書の執筆および改訂をする機会をいただきました。深く感謝いたします。

 ## 改訂版について

　本書は、2020年に出版された『イラストでわかるDockerとKubernetes』の改訂版です。第1版からのコンセプトはそのままにしつつ、本改訂版では、最新動向（Docker 24、Kubernetes 1.27、runc 1.1、Ubuntu 22.04）に合わせて内容を更新しました。また、頻出機能の紹介を充実させたり、例を追加することで説明をわかりやすくするなど、内容の改善も行いました。

　各章に施された変更のうち主要なものは次のとおりです。

　第1章では、コンテナ技術の基礎的な要素の1つであるイメージについて、その概要を説明する節を加えました。

　第2章では、Dockerの頻出機能であるボリューム、ポート公開、Compose、マルチステージビルドなどの説明を追加しました。また、Dockerfileの説明については、Docker 23からデフォルトのビルダになった「BuildKit」を前提とした内容に更新し、並列マルチステージビルドの紹介も加えました。

　第3章では、Kubernetes 1.24にてkubeletからDockerを操作する機能（docker shim）が削除されたことを反映し、KubernetesとDockerの関係を整理しつつ内容を更新しました。また、Kubernetesの各機能の紹介については、第1版と同様に図を用いながら、マニフェスト例も増やすことでより具体的な説明にしました。

　第4章では、コンテナのリソース管理に利用されるLinuxの機能「cgroup」に

ついて、利用の広がる「cgroup v2」の紹介を追加しました。また、高レベルラン
タイムとしてPodmanの紹介も追加しています。

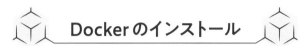

Dockerのインストール

　本書には、実際にDockerを操作しながら機能を紹介する箇所がいくつかあり
ます。ここでは、Dockerを手元にお持ちでない方へ向けてその入手方法の一例
を紹介します。

　Linuxディストリビューション（Ubuntu[注1]、Debian[注2]、Fedora[注3]など）を使用し
ている場合、最も簡単にDockerを入手する方法の1つはget.docker.comで提供
されるスクリプトを用いたインストールです。

　スクリプトを用いる以外のDockerのインストール方法や、Windows[注4]、
macOS[注5]へのインストール方法についても、公式ページに詳しく記載されてい
ますので参照ください。

　ここではUbuntu 22.04上でget.docker.comのスクリプトを用いてDockerをイ
ンストールする例を紹介します。なお、このスクリプトの実行にはroot権限が
必要になる点、およびこのスクリプトの本番環境への使用は推奨されていない
点に留意ください。

```
$ curl -fsSL https://get.docker.com -o get-docker.sh
$ sudo sh get-docker.sh
Dockerのインストールが行われる
===========================================================================

To run Docker as a non-privileged user, consider setting up the
Docker daemon in rootless mode for your user:

    dockerd-rootless-setuptool.sh install

Visit https://docs.docker.com/go/rootless/ to learn about rootless mode.

To run the Docker daemon as a fully privileged service, but granting non-root
```

注1)　🔗 https://docs.docker.com/engine/install/ubuntu/#install-using-the-convenience-script
注2)　🔗 https://docs.docker.com/engine/install/debian/#install-using-the-convenience-script
注3)　🔗 https://docs.docker.com/engine/install/fedora/#install-using-the-convenience-script
注4)　🔗 https://docs.docker.com/desktop/install/windows-install/
注5)　🔗 https://docs.docker.com/desktop/install/mac-install/

```
users access, refer to https://docs.docker.com/go/daemon-access/

WARNING: Access to the remote API on a privileged Docker daemon is equivalent
         to root access on the host. Refer to the 'Docker daemon attack surface'
         documentation for details: https://docs.docker.com/go/attack-surface/

================================================================================
```

　上記の例のように、スクリプトをダウンロードし実行するとDockerがインストールされます。インストールしたDockerの操作にはdockerコマンドを用います。

　また、Dockerの実行にはroot権限を用いるのが一般的ですが[注6]、上記スクリプトからの出力に記載の手順に従い、Dockerを非rootユーザーで実行することも可能です[注7]。

注6) お使いのユーザーをdockerグループに加えることで、dockerコマンドを非rootユーザから操作することも
　　　可能です。しかしこの場合でもユーザーはDockerを通じてホストのroot権限を得られる点に注意してくだ
　　　さい（**URL** https://docs.docker.com/engine/install/linux-postinstall/#manage-docker-as-a-non-root
　　　-user）。

注7) **URL** https://docs.docker.com/engine/security/rootless/

目次

コンテナ技術の概要　1

Docker の概要

Kubernetesの概要

第4章 コンテナランタイムと

コンテナの標準仕様 139

## 第 1 章

コンテナ技術の
概要

ンテナはWebサービスを始めさまざまな分野で活用されています。
そもそも、Docker・Kubernetesで使われるコンテナとはどのような
技術なのでしょうか？　本章では、その基本的な特徴をつかみます。

コンテナを見てみよう

　コンテナは、1つの共有されたOS上（ホストOS）で独立したアプリケーションの実行環境を作成する技術です（図1-1）。コンテナはホスト上で複数実行できます。各実行環境はホストOSから隔離されており、コンテナ内で実行されるプロセスからはあたかもOS環境を占有しているかのように見えます。ファイル、プロセス、ネットワークなど、アクセスできるシステム上のリソースの多くも、ほかのコンテナやホストOSとは隔離されています。

1-1-1 ▶ コンテナの実行

　ここでまずはコンテナがどのようなものか、感覚的に概要をつかむために、コンテナを実行する例を見てみます（画面1-1）。この例では、本書でも後ほど取り上げるコンテナ管理ツールである、Dockerを用いてコンテナを立ち上げています。

　画面1-1では、DockerのCLI（Command Line Interface）コマンドであるdockerコマンドを用いて、コンテナを作成しその中でシェルを実行しています。コンテナは「コンテナイメージ」と呼ばれるコンテナの素から作成します。この例では、ubuntu:22.04という名前のイメージからコンテナを1つ実行しており、このイメージは名前のとおり、LinuxディストリビューションのUbuntu環境を持つコンテナを作成できます。画面1-1ではコンテナを1つだけ実行していますが、実際にはDockerを用いてより多くのコンテナを実行・管理できます。

≫ 図1-1 コンテナの概要

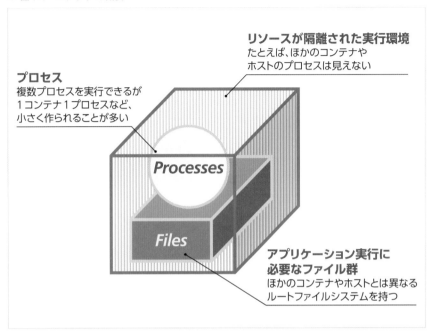

≫ 画面1-1 dockerコマンドによるコンテナの実行

```
$ docker run -it ubuntu:22.04 /bin/bash
root@be7f87e65911:/# ls /  ←実行環境固有のルートファイルシステムを持つ
bin   dev  home  lib32  libx32  mnt  proc  run   srv  tmp  var
boot  etc  lib   lib64  media   opt  root  sbin  sys  usr
root@be7f87e65911:/# ps ax  ←ホストやほかのコンテナのプロセスは見えない
    PID TTY      STAT   TIME COMMAND
      1 pts/0    Ss     0:00 /bin/bash
      9 pts/0    R+     0:00 ps ax
```

　2行目以降のプロンプトは、そのコンテナ内で実行されるシェルです。いくつ
かのコマンドを実行してみると、コンテナ内は、その外の環境つまりホスト環境
とは隔離された実行環境であることが体感できます。

　たとえば画面1-1にもあるとおり、コンテナ内でいくつかのファイルを覗いて
みると、そこがUbuntu環境であることや、それらのファイルがホスト環境とは
異なるものであることが確認できます。また、コンテナ内で実行したpsコマン
ドの出力からは2つのプロセスだけが見えていますが、ホスト環境ではより多く

のプロセスが実行されています。しかしコンテナの中から、それらホスト環境
にあるものは見えません。

　以上の例を通じて、コンテナがホストから隔離された、独立の実行環境であ
ることが実感できると思います。

1-1-2　▶ コンテナイメージ

　コンテナの実行には、その「素」となる「コンテナイメージ」(あるいは単に「イ
メージ」)が必要になります(図1-2)。コンテナイメージは、コンテナで実行す
るアプリケーションや、その実行に必要な依存ファイル群を含めたデータです。
実行時にコンテナ内に設定する環境変数などの、実行環境自体の設定情報も含
まれます。

　コンテナイメージを用いることで、それをマシンを超えてチーム・組織間な
どで共有し、さまざまな場所でコンテナを実行できます。このワークフローを
示す象徴的なフレーズにDocker社が提唱してきた「Build、Ship、Run」というも
のがあります(図1-3)。Buildはコンテナイメージの作成(ビルド)、Shipはその

≫ 図1-2　イメージの概要

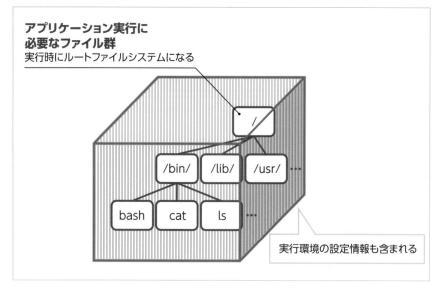

コンテナイメージのマシン間での共有、Runはコンテナイメージを素にしたコンテナの実行を指し、コンテナへの一連の基本操作がキャッチーなフレーズに表されています。

　画面1-2は、docker buildコマンドを用いてコンテナイメージをビルドする例です。イメージの設計を記したファイルを入力として与えると、ビルド結果のイメージが得られます。具体的なビルド手順やコマンドからの出力については、次章で紹介します。

　イメージはマシンを超えて共有することができます。このために「レジストリ」と呼ばれるイメージの格納・配布用サーバが使われます（図1-4）。

≫ 図1-3　コンテナの基本的なワークフロー

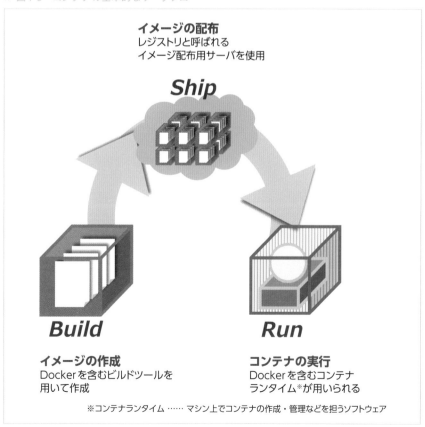

イメージの配布
レジストリと呼ばれる
イメージ配布用サーバを使用

Ship

Build

Run

イメージの作成
Dockerを含むビルドツールを
用いて作成

コンテナの実行
Dockerを含むコンテナ
ランタイム※が用いられる

※コンテナランタイム …… マシン上でコンテナの作成・管理などを担うソフトウェア

≫ 画面1-2 dockerコマンドによるイメージのビルド

```
イメージ設計図の作成
$ mkdir sample
$ cat <<EOF > ./sample/Dockerfile
FROM ubuntu:22.04
RUN echo hi > /hi
EOF
イメージ設計図からイメージをビルドする
$ docker build -t myimage ./sample
[+] Building 6.1s (6/6) FINISHED                              docker:default
 => [internal] load build definition from Dockerfile               0.1s
 => => transferring dockerfile: 73B                                 0.0s
 => [internal] load .dockerignore                                  0.1s
 => => transferring context: 2B                                     0.0s
 => [internal] load metadata for docker.io/library/ubuntu:22.04    2.6s
 => [1/2] FROM docker.io/library/ubuntu:22.04@sha256:6042500cf4b44 2.4s
 => => resolve docker.io/library/ubuntu:22.04@sha256:6042500cf4b44 0.1s
 => => sha256:6042500cf4b44023ea1894effe7890666b0c 1.13kB / 1.13kB 0.0s
 => => sha256:bbf3d1baa208b7649d1d0264ef7d522e1dc0deee 424B / 424B 0.0s
 => => sha256:174c8c134b2a94b5bb0b37d9a2b6ba0663d8 2.30kB / 2.30kB 0.0s
 => => sha256:a486411936734b0d1d201c8a0ed8e9d449 29.55MB / 29.55MB 0.9s
 => => extracting sha256:a486411936734b0d1d201c8a0ed8e9d449a64d503 1.1s
 => [2/2] RUN echo hi > /hi                                         0.6s
 => exporting to image                                             0.1s
 => => exporting layers                                            0.1s
 => => writing image sha256:1708e06dd33478145a9e7b6cd11a03a312740b 0.0s
 => => naming to docker.io/library/myimage                         0.0s
ビルドしたイメージを実行
$ docker run --rm -it myimage /bin/bash
root@85f60b231617:/# cat /hi
hi
```

　たとえば、ビルド用マシンで作成したイメージをレジストリにアップロードし、本番環境やテスト環境ではレジストリからイメージを取得してコンテナを実行するなど、レジストリを中心としてイメージの配布が行われます。

　画面1-3は、docker pullコマンドでイメージをレジストリサービス（Docker Hub[注1]）から取得する例です。レジストリを用いたイメージ共有についても、次章で紹介します。

　以上のように、コンテナは「Build、Ship、Run」というワークフローに沿って扱われます。

　次の節からは、コンテナについて、その基本的な特徴をいくつか見ていくことで理解を深めていきます。

注1）　🔗 https://hub.docker.com/

≫ 図1-4 イメージの配布

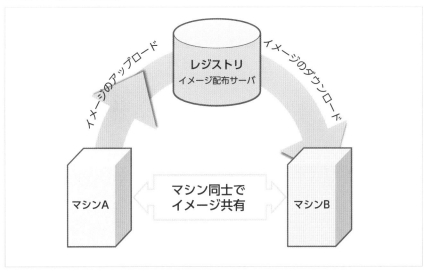

≫ 画面1-3 dockerコマンドによるイメージの取得

```
イメージ「ubuntu:22.04」をレジストリ(Docker Hub)から取得
$ docker pull ubuntu:22.04
22.04: Pulling from library/ubuntu
445a6a12be2b: Pull complete
Digest: sha256:aabed3296a3d45cede1dc866a24476c4d7e093aa806263c27ddaadbdce3c1054
Status: Downloaded newer image for ubuntu:22.04
docker.io/library/ubuntu:22.04
```

コンテナ技術の基本的な特徴

　コンテナには、どのような特徴があるのでしょうか。また、ほかの技術に比べてどのような点が異なるのでしょうか。コンテナの特徴にはさまざまなものが挙げられますが、本節ではそのうちの主要な3つの特徴に注目します（図1-5）。

≫ 図1-5　コンテナの特徴

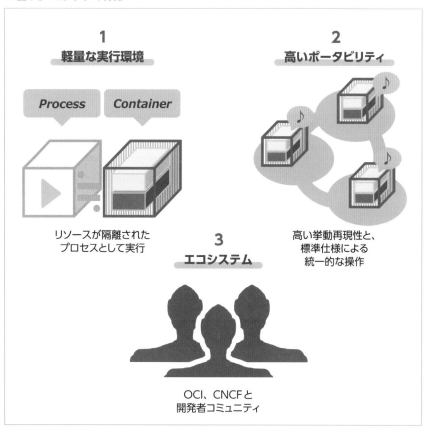

軽量な実行環境

　コンテナの特徴として、軽量な実行環境であるという点がよく挙げられます。この特徴をつかむには、「実行環境を作成する」という点で似た技術である「仮想マシン」との仕組みの比較がわかりやすいでしょう（図1-6）。

　ここで、一口に「仮想マシン」、「コンテナ」と言っても、それらにはさまざまな実現方法があります。本章の目的はそれら技術的詳細の理解ではなく、コンテナ技術の概要の把握にあるため、仮想マシン、コンテナの指す範囲を次のとおりに限定します。

・仮想マシン技術……Linux KVM などのハイパーバイザを用いた仮想化技術
・コンテナ技術……Docker などを用いた、Linux上で namespace などの隔離機能により実装されるアプリケーションコンテナ

≫ 図1-6　仮想マシンとコンテナ

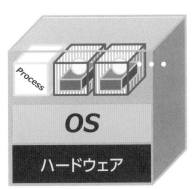

仮想マシン

ハイパーバイザが仮想的なハードウェアを提供し、その上でOS・アプリケーションを実行

コンテナ

カーネルの機能により隔離されたプロセスとして実行

▶ 仮想マシンの概要

今や仮想マシンはインフラ分野で広く使われる、定番とも言える技術です。Amazon Web Services や Microsoft Azure、Google Cloud に代表されるクラウドサービスにおいても、仮想マシンは主要な実行環境の1つです。仮想マシンは、ハードウェアと OS の間にハイパーバイザと呼ばれる管理層を挟み、ハイパーバイザが提供する仮想的なハードウェア上で OS を実行することで、物理マシン上で複数の OS を同時に動作できるようにする技術です。こうして作られた各 OS 実行環境は仮想マシンと呼ばれます。この技術により、サーバなどのアプリケーションを実行する仮想マシン群を、1つの物理マシン上に集約するなど、柔軟な計算資源の管理が可能です。

▶ コンテナ技術の概要

一方のコンテナ技術も、実行環境を作成する技術です。冒頭の例でも示したように、コンテナの中ではさながら仮想マシンのようにホストやほかのコンテナから隔離された独立の OS 環境が作成されます。しかし、ハードウェアを仮想化する仮想マシンとは異なり、コンテナの場合はホストとなる OS カーネル上で、その OS カーネルの提供する環境隔離機能を用いて独立の実行環境を作り出し、その環境でアプリケーションを実行します。

つまり、コンテナ自体に OS カーネルは含まれていません[注2]。これだけを聞くと、コンテナはまるで普通のプロセスと同じもののように聞こえます。なぜならば、プロセスも OS カーネルの機能を用いて作り出され、かつ利用可能なメモリアドレス空間などの点で、ほかのプロセスとはある程度独立した実行環境を持つからです。実はそのとおりで、コンテナもその実体はプロセスです。異なるのは、OS カーネルの機能を用いて通常のプロセスよりも強く環境が隔離されている点です。

たとえば、前述の例でも見たように、コンテナはホストから独立したルートファイルシステムを持ち、ホスト側や他のコンテナのプロセスなど、コンテナの「外」にある多くのリソースは見えないようになっています。これによりコンテナは、

注2）　最近はコンテナ関連のユースケース向けにチューニングされた軽量な仮想マシンを、コンテナとして実行する技術にも注目が集まっています。この点については第4章でも紹介します。

さながら仮想マシンのように独立したOS環境でありながらも「プロセス並みに粒度を小さくできる実行環境」として扱うことができます。

　本書で紹介するDockerとKubernetesのようなコンテナ管理ツールでは、各コンテナには単一あるいは少数のアプリケーションだけを含め、コンテナを小さい粒度で扱うことが一般的です[注3]。また、コンテナ実行と同様に、コンテナイメージも軽量に作ることができます。セキュリティの観点からも、コンテナイメージには1つのアプリケーションとそれが依存する最低限のコンポーネントだけを含め、小さく作ることがベストプラクティスとされています。GB（ギガバイト）級の容量になることも珍しくない仮想マシンイメージに対し、コンテナイメージは多くの場合数十MB～数百MB程度と軽量に作られます。この特徴は、コンテナイメージを異なる環境間でネットワーク経由で共有する際にも、それを迅速に行えるというメリットにつながります。

1-2-2 ▶ 高いポータビリティ

　コンテナの特徴として次に挙げられるのがコンテナのポータビリティです。本節では特に次の2点に注目します。

・コンテナイメージの挙動の再現性の高さ
・業界標準仕様によるコンテナへの統一的な操作方法

　コンテナイメージに、アプリケーションが依存するコンポーネントすべてを詰め込むことで、コンテナをその作成時とは異なる環境で実行する際にも、その挙動の再現性を高めることができます。たとえば、コンテナイメージにアプリケーションとそれが依存する共有ライブラリもまとめることで、それを別のマシンに配布して実行するときにも、ライブラリのバージョン差異などに起因する挙動の差異を避けられます（図1-7）。

　また、前節で紹介した「Build、Ship、Run」というフレーズに代表されるように、コンテナへの基本的な操作方法に業界で一定のコンセンサスが取れている点も、

注3）　コンテナ内で多数のアプリケーションを実行し、あたかも仮想マシンのような汎用な実行環境として扱うこともできます。この類のコンテナはシステムコンテナなどと呼ばれることがあります。

≫ 図1-7　コンテナの挙動再現性

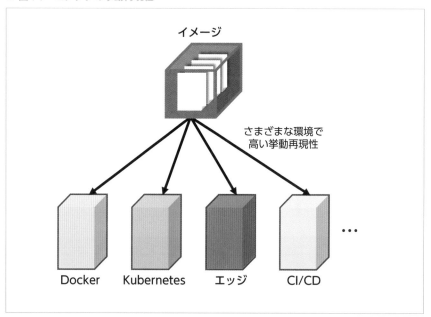

イメージ

さまざまな環境で
高い挙動再現性

Docker　　Kubernetes　　エッジ　　CI/CD　　…

高いポータビリティの1つの要因になっていると言えるでしょう。実際に、そのワークフローの各操作において、コンテナイメージのビルドツールや、コンテナイメージを共有するためのストレージサーバである「レジストリ」、コンテナを実行するためのツールである「コンテナランタイム」とこれまでDockerに限らずさまざまなツールが開発されてきました。

　さらにコンテナイメージ、ランタイム、レジストリには、次節でも紹介するように業界におけるオープンな組織によって標準仕様が定められています。コンテナにまつわるツールや実行基盤には、Docker・Kubernetesを始めCI/CD（継続的インテグレーション／継続的デリバリー）やFaaS、サービスメッシュ、エッジコンピューティングに至るまで幅広い分野でさまざまなものがありますが、このように基本的なツール群に標準仕様が定められていることで、一度作成したコンテナを標準仕様に沿ってそれらツール間で共通に取り扱えるという点で、高いポータビリティが実現されていると言えるでしょう。

　以上で紹介したようなコンテナのポータビリティの高さは開発サイクル全体

を通じて有用です。一度作成したコンテナは、テスト環境や本番環境などさまざまな環境へ、再現性の高い形で配布・実行可能であり、さらにイメージの脆弱性スキャナやCI/CD関連ツールなど用途に応じてさまざまなツールを組み合わせながらコンテナを扱うことができます。

こうして登場したさまざまなコンテナ関連ツールは、次節で紹介するようなエコシステムを形成しています。

1-2-3 ▶ 巨大なエコシステム

今やコンテナ技術はインフラ分野で広く用いられている技術であり、コンテナ技術をとりまくツールはOSSとして開発されているだけでも相当の数があります。その一部は、CNCF（後述）が提供する「Cloud Native Landscape[注4]」というページからも垣間みることができます。まさにコンテナ技術は巨大なエコシステムを形成しているとも言えます。本節では、コンテナを取り巻くエコシステムの中でも重要な役割を担う2つの組織を紹介します。

1つは、Open Container Initiative (OCI)[注5] と呼ばれる、コンテナ技術に関する標準仕様の策定やリファレンス実装の開発などを行っている、Linux Foundation傘下のプロジェクトです。コンテナイメージ、コンテナレジストリ、コンテナランタイムには標準仕様が定められていると前述しましたが、まさにこのOCIを中心に、その策定が行われています。これら仕様に基いて、業界では多様なコンテナ関連ツールが、相互に連携可能な形で開発されています。OCIで定められる標準仕様については、第4章で、より詳しく見ていきます。

さらに、もう1つ重要な団体としてLinux Foundation傘下のプロジェクトである Cloud Native Computing Foundation (CNCF)[注6] があります。CNCFにはさまざまなOSSプロジェクトがホストされており[注7]、その中には本書で紹介するKubernetesも含まれています。CNCFのホストするプロジェクトには成熟度順

注4) 🔗 https://landscape.cncf.io/
注5) 🔗 https://opencontainers.org/ ,ただし同じ略称「OCI」と呼ばれることのある「Oracle Cloud Infrastructure」と「Open Container Initiative」はまったく異なるものです。
注6) 🔗 https://www.cncf.io/
注7) 🔗 https://www.cncf.io/projects/

にランクが設けられており、プロジェクトの成熟度の高いものから「Graduated」、「Incubating」、「Sandbox」とされています。それぞれのプロジェクト成熟度については、そのプロダクトがどれほど使われているかという点や、プロジェクト体制など、さまざまな要素を多角的に勘案し定められています。

Kubernetesはその中でも「Graduated」に属しています。そのほかにも、本書の後の章でも紹介するcontainerd (Graduatedプロジェクト) [注8]、CRI-O (Graduatedプロジェクト) [注9] もCNCFのプロジェクトとして開発が進められています。

前述のOCIはコンテナに関する基本的な標準仕様を策定していましたが、CNCFおよびKubernetesプロジェクトも、コミュニティで重要な役割を担う、いくつかの仕様を定めています。

たとえばそれらの仕様には、Kubernetesなどで利用可能なプラグイン群の、インタフェース仕様が含まれます。それらの仕様には、コンテナランタイムに関するもの (CRI：Container Runtime Interface) [注10] や、ストレージ関連のプラグインに関するもの (CSI：Container Storage Interface) [注11]、また、コンテナへのネットワークインタフェースの提供方法に関するもの (CNI：Container Network Interface) [注12] があり、Kubernetesを始めとするオーケストレーションエンジン向けのさまざまなプラグインや周辺ツールが、これら仕様に基いて開発されています。

本書では第4章で、CRIに準拠するコンテナランタイム実装をいくつか紹介します。

注8)　**URL** https://containerd.io/
注9)　**URL** https://cri-o.io/
注10)　**URL** https://github.com/kubernetes/cri-api
注11)　**URL** https://github.com/container-storage-interface/spec
注12)　**URL** https://github.com/containernetworking/cni

本書で注目するDockerと Kubernetes

コンテナの持つ特徴は本章で挙げたものにとどまりませんが、これらの特徴を最大限に活かし、さまざまなインフラ管理ツールがOSSとして開発されています。本書では特にその中でも主要なものであるDockerとKubernetesに着目します（図1-8）。

≫ 図1-8　DockerとKubernetes

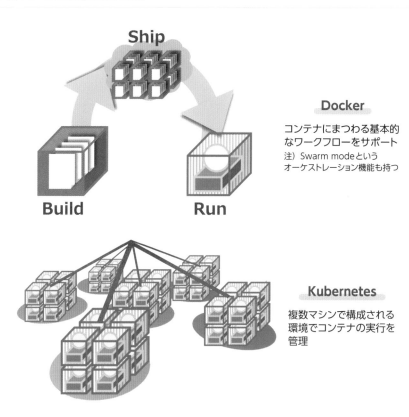

Docker[注13]は、単一[注14]のマシン上でのコンテナ群の管理や、コンテナイメージの作成、そしてそのイメージのチーム・組織間での共有など、コンテナにまつわる基本的なワークフローをサポートするツールです。その利便性だけでなく、前述したようにコンテナへの基本的な操作を「Build、Ship、Run」のようなシンプルなワークフローとして業界へ広め、コンテナ技術普及の礎となったという点にも貢献があります。

第2章では、Dockerが提供する基本的な機能である「Build、Ship、Run」や、それらを通じてよく使われる機能をそれぞれ紹介し、そのあと、コンテナが持つ特徴的な構造について述べ、そして最後にDockerのアーキテクチャの概要を述べます。

Kubernetes[注15]は、複数のマシンで構成される環境でのコンテナ管理に用いられる、「オーケストレーションエンジン」と呼ばれるツールです。コンテナの持つ軽量さや実行の再現性の高さなどの特徴を活かし、ノード（コンテナが稼動するマシン）の障害時には、コンテナをほかのノードで自動的に再稼動させるセルフヒーリングの機能や、負荷などの条件に応じて自動的にコンテナ数を増減させるオートスケーリングなど、高い回復性や柔軟な管理を自動化する機能が盛り込まれています。

また、アプリケーションの理想的なデプロイ状態、つまり基盤上で協調動作するコンテナ群が最終的にこういう状態で動いていてほしい、などの理想の状態を「マニフェスト」と呼ばれる設定ファイルに記述し、それをKubernetesに与えることで基盤を操作する、「宣言的」な管理スタイルが可能であるという点も、Kubernetesの特徴の1つです。

第3章では、まずKubernetesの特徴を紹介し、そのあと、コンテナのデプロイや公開などに関する基本的な機能を紹介します。また、Kubernetesを構成するノード上で、コンテナの作成・管理のためにどのようなコンポーネント群が稼動しているのかや、Dockerとの関係について述べます。

さらに本書では、これらツールで共通して利用される「コンテナランタイム」

注13）**URL** https://www.docker.com/
注14）さらにDockerは、複数ノードからなる環境でコンテナを管理するSwarm modeというオーケストレーション機能も持ちます。
注15）**URL** https://kubernetes.io/

にも注目します。コンテナランタイムは上位のツールから指示を受けてマシン上でコンテナを直接作成・管理する低レベルなソフトウェアです。コンテナをコンテナたらしめるための最も基本的な機能を提供している縁の下の力持ち的なソフトウェアであるとも言えます。

たとえば、第2章でも述べますが、Docker も、コンテナの実行環境の作成のために別途コンテナランタイムを利用します。また、第3章でも述べるように、Kubernetes 自体はコンテナを直接作成・操作する機能は持たず、Kubernetes 環境を構成する各マシン上ではコンテナランタイムがその役割を担います。

第4章では、このコンテナランタイムに焦点を当てます。前半ではその実装をいくつか紹介します。後半では、OCI が定めるコンテナ技術の標準仕様について述べ、OCI によるコンテナランタイム実装である runc[注16] を紹介します。最後に、runc などの Linux 上で動作するコンテナランタイムがどのようにしてコンテナを作成しているのか、そこで用いられている Linux の機能を紹介します。

注16) **URL** https://github.com/opencontainers/runc

第 **2** 章

Dockerの
概要

Docker[注1] は、2013 年 3 月に Docker 社（当時 dotCloud 社）からリリースされたコンテナ管理ツールです。その利便性だけでなく、第 1 章でも述べたように、コンテナへの基本的な操作を「Build、Ship、Run」というシンプルなワークフローとして広めた点にも貢献があります。

Docker による Build、Ship、Run

本節では、Docker がサポートする、コンテナへの基本的な操作である「Build、Ship、Run」について、実際に Docker を操作しながら紹介します。掲載されているコマンドなどは Linux 上での実行を前提とし、Ubuntu 22.04、Docker 24 での動作を確認しています。Docker の具体的な機能の紹介に入る前に、本節で紹介する Build、Ship、Run にまつわる各機能の全体的な流れを確認します（図 2-1）。

コンテナの実行にあたっては、まず「コンテナイメージ」というコンテナの素となるデータを用意する必要があります。コンテナイメージには、コンテナとして実行したいアプリケーションのバイナリやその依存関係にあるファイル群、そして実行環境を作成するのに必要な設定情報などが含まれます。

Docker は、このコンテナイメージを作成（ビルド）する機能を持ちます（Build）。こうしてビルドしたイメージは、「レジストリ」と呼ばれるイメージ配布用のサーバを用いることで、ほかのホストに配布・共有できます。Docker は、レジストリにイメージをアップロード（push）したり、レジストリからイメージをダウンロード（pull）したりする機能を持ちます（Ship）。

作成したり、レジストリから取得するなどして得られたコンテナイメージは、Docker を用いて実行できます（Run）。Docker は、イメージに含まれる情報をもとにコンテナ実行環境を作成したり、イメージに含まれるファイル群からその実行環境で使用するルートファイルシステムを作成するなどして、コンテナを

注1） **URL** https://www.docker.com/

≫ 図2-1　コンテナへのDockerを用いた基本的な操作

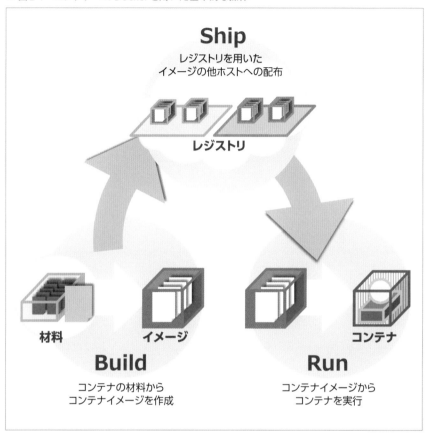

実行します。

　このように、Dockerの機能を使って、コンテナに対する一連の基本的な操作ができます。

　以降の節からは、それら各機能を紹介していきます。

2-1-1 ▶ Build：コンテナイメージの作成

　コンテナを実行するには、まず「コンテナイメージ」と呼ばれるものを用意する必要があります。コンテナイメージは、コンテナとして実行するアプリケーショ

≫ 図2-2 イメージの概要（再掲）

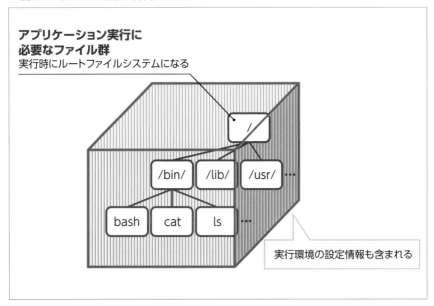

ンやそれが依存するファイル群、コンテナ環境自体の設定などを含めた「コンテナの素」です（図2-2）。Dockerはコンテナイメージをもとにコンテナとしてルートファイルシステムや隔離された実行環境を作成し、それを実行します。

　コンテナイメージの作成は「Build（ビルド）」と呼ばれます。コンテナイメージのビルドにも、Dockerを使うことができます。本節では、Dockerの持つイメージをビルドする機能について、例を交えながら紹介します（図2-3）。

　コンテナイメージの作成にあたって、Dockerにその材料を与える必要があります。コンテナの材料は次のものからなります。

・Dockerfile：コンテナの作成手順書
・コンテキスト：コンテナに格納したりビルド時に使用するファイル群（例：
　アプリケーションのソースコードなど）

　これらをDockerに渡すと、Dockerfileに記された手順に沿って、与えられたコンテキストに含まれるファイル群が適宜用いられながら、それらが1つのイメージにまとめあげられます。

≫ 図2-3　コンテキストとDockerfileからイメージ作成

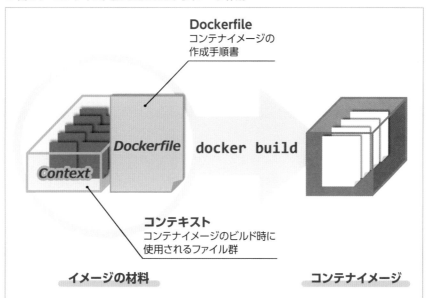

実際にコンテナイメージを作ってみましょう。本節では、Docker社が運営するコンテナイメージの共有サービスである Docker Hub（詳しくは2-1-3節でも紹介）で公開されている「ubuntu:22.04[注2]」というコンテナイメージを土台として、新たにコンテナイメージを作成します。作成するコンテナは「Hello, World!」という文字列を出力し、その後スリープするだけのシンプルなものにします。ここで土台とするubuntu:22.04 イメージには、その名のとおり Ubuntu のルートファイルシステムを構成するファイル群が含まれていますが、前章でも述べたようにイメージにはLinux カーネルは含まれていません。

　まず、コンテキストを用意します。コンテキストはビルドの材料として用いるファイル群を1つのディレクトリにまとめたものです。今回は、画面2-1に示すようにコンテキストに hello.sh として「Hello, World!を出力し、その後スリープするシェルスクリプト」を追加します。

　次に、同様のコンテキスト内にイメージの作成手順書となるDockerfileを作成します（画面2-2）。このDockerfileには、イメージの作成手順として次に示す3

注2)　URL https://hub.docker.com/_/ubuntu

≫ 画面2-1　Hello, World!を出力するシェルスクリプトの作成

```
$ mkdir myimage
$ cat <<EOF > ./myimage/hello.sh
#!/bin/bash
set -eu
echo "Hello, World!"
exec sleep infinity
EOF
$ chmod +x ./myimage/hello.sh
```

≫ 画面2-2　Dockerfileの作成

```
$ cat <<EOF > ./myimage/Dockerfile
FROM ubuntu:22.04          ①
COPY ./hello.sh /hello.sh  ②
ENTRYPOINT ["/hello.sh"]   ③
EOF
```

≫ 画面2-3　myimageディレクトリの内容確認

```
$ tree ./myimage
./myimage
├── Dockerfile
└── hello.sh

0 directories, 2 files
```

ステップ（❶～❸）が記述されています。なおDockerfileについては後の節でより詳しく見ていきます。

❶ FROM ubuntu:22.04で、**ubuntu:22.04イメージを土台として新たなイメージを作成することを記述している**

❷ COPY ./hello.sh /hello.shで、**コンテキスト中のhello.shファイルをコンテナ中の/hello.shにコピーしている**

❸ ENTRYPOINT ["/hello.sh"]で、**コンテナを起動したらhello.shを実行するよう指示している**

　この時点で、コンテキストには実行するシェルスクリプトとDockerfileだけが含まれています（画面2-3）。

　それでは、これらの材料から実際にイメージをビルドします。Dockerのイメー

≫ 画面2-4　docker buildコマンドの実行

```
$ docker build -t myimage:v1 ./myimage
[+] Building 7.1s (8/8) FINISHED                          docker:default
 => [internal] load build definition from Dockerfile        0.3s
 => => transferring dockerfile: 106B                        0.0s
 => [internal] load .dockerignore                           0.3s
 => => transferring context: 2B                             0.0s
 => [internal] load metadata for docker.io/library/ubuntu:22.04  3.0s
 => [auth] library/ubuntu:pull token for registry-1.docker.io   0.0s
 => [internal] load build context                           0.2s
 => => transferring context: 96B                            0.0s
 => [1/2] FROM docker.io/library/ubuntu:22.04@sha256:2b7412e6465c  2.8s
 => => resolve docker.io/library/ubuntu:22.04@sha256:2b7412e6465c  0.3s
 => => sha256:2b7412e6465c3c7fc5bb21d3e6f1917c167 1.13kB / 1.13kB  0.0s
 => => sha256:c9cf959fd83770dfdefd8fb42cfef0761432af3 424B / 424B  0.0s
 => => sha256:e4c58958181a5925816faa528ce959e4876 2.30kB / 2.30kB  0.0s
 => => sha256:aece8493d3972efa43bfd4ee3cdba659c 29.54MB / 29.54MB  1.0s
 => => extracting sha256:aece8493d3972efa43bfd4ee3cdba659c0f787f8  1.1s
 => [2/2] COPY ./hello.sh /hello.sh                         0.3s
 => exporting to image                                      0.3s
 => => exporting layers                                     0.2s
 => => writing image sha256:5e3651f223dd3eae507cc0251c71fbb3fa91e  0.0s
 => => naming to docker.io/library/myimage:v1               0.0s
$ docker image ls myimage:v1  myimageが作成されたことが確認できる
REPOSITORY    TAG        IMAGE ID        CREATED          SIZE
myimage       v1         5e3651f223dd    About a minute ago   77.8MB
```

ジビルド機能はdocker buildコマンドから利用できます。画面2-4に示すように、先ほどコンテキストとして作成したディレクトリ（myimage）を指定してdocker buildコマンドを実行すれば、イメージが完成します。

　今回は、イメージに付与する名前として-tオプションでmyimage:v1と指定しています。コロン（:）よりも前のmyimageがイメージ名、コロンの後のv1がタグと呼ばれます。タグは省略可能であり、その場合latestという文字列が暗黙的に用いられますが、一度作ったイメージにも、通常はその後に更新の加えられた新たなバージョンが作られることが多いため、それら異なるバージョンのイメージを区別するためにもタグは明示的に指定しておくと便利です。

　同じく画面2-4に示すようにdocker imageコマンドを実行すると、先ほどのイメージが作成されていることが確認できます。以降の節で見せるように、ここで作成したイメージは実際に実行したり、別のホストに配布したりできます。

2-1-2 ▶ Run：コンテナの実行

続いて、前節で作成した「Hello, World!」を出力するイメージを実行します（図2-4）。コンテナの実行はdocker runコマンドで行います（画面2-5）。ここでは--nameオプションを用いてコンテナにmycontainerという名前を付与しています。

このコマンドを実行してみると、期待どおり「Hello, World!」という文字列が出力されます。この文字列はコンテナの中で実行された先ほどのシェルスクリプトから出力されたものです。その後、シェルスクリプトに記述のとおり、この

≫ 図2-4　コンテナイメージからコンテナの実行

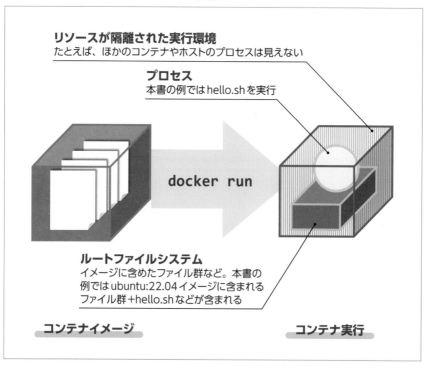

≫ 画面2-5　コンテナイメージからコンテナの実行

```
$ docker run --name mycontainer myimage:v1
Hello, World!
```

≫ 画面2-6　docker exec コマンドでコンテナの中を覗く

```
$ docker exec -it mycontainer /bin/bash
root@8d4e66882c1e:/# ls /  [前節の例でコンテナイメージに含めたhello.shスクリプトが格納されている]
bin   dev  hello.sh  lib     lib64   media   opt   root  sbin  sys  usr
boot  etc  home      lib32   libx32  mnt     proc  run   srv   tmp  var
root@8d4e66882c1e:/# ps -Ao pid,cmd  [コンテナの外のプロセスは見えない]
    PID CMD
      1 sleep infinity
      7 /bin/bash
     15 ps -Ao pid,cmd
```

コンテナではsleepコマンドが実行されます。

　それではここで、このコンテナの中を少し覗いてみましょう。Dockerのコマンドの1つであるdocker execを使うと、実行中のコンテナ内で新たなコマンドを実行できます。

　本節では、実行中のコンテナの中を覗くために、そのコンテナでシェルを新たに実行します。別ターミナルから、画面2-6のようにdocker execコマンドを実行すると、先ほど実行したコンテナmycontainer内で新たにシェル (/bin/bash) が実行されます。さらに-itオプションを付与することでそのシェルをインタラクティブに操作できます。

　docker execを実行すると、コンテナ内で実行したシェルのプロンプトが表示されます。このシェルでlsコマンドやpsコマンドを実行してみると、そこがホストとは異なる実行環境、つまり先ほど作成したコンテナmycontainerの中であることが実感できます。

　まず、コンテナの / には、先ほどコンテナイメージに含めたhello.shスクリプトが格納されています。また、systemdのようなデーモンプロセスは実行されておらず、シェルスクリプトhello.sh中で実行したsleepコマンドがPID=1になっています。なお、シェルプロセス /bin/bash (PID=7) と ps コマンド (PID=15) は、今コンテナの中を覗くために実行しているプロセス群であるため、docker exec実行以前までは、このコンテナ内ではPID=1でsleepが実行されているだけであったことがわかります。

　最後に、シェルから Ctrl + D などで抜け、コンテナを終了、削除しておきます (画面2-7)。

≫ 画面2-7　コンテナの停止と削除

```
$ docker stop mycontainer
mycontainer
$ docker rm mycontainer
mycontainer
```

2-1-3 ▶ Ship：レジストリを用いたコンテナの配布

　Dockerは作成したイメージをほかのホストに配布するための機能を持ちます（図2-5）。イメージがマシンを超えて共有できるようになっていることで、コンテナのポータビリティを活かした運用ができます。たとえば、ビルド用のマシンで作成したイメージをテスト環境や本番環境などの環境をまたいで実行したり、チーム間で共有し再利用したりできます。

　イメージは「レジストリ」と呼ばれるイメージ配布用のサーバを通じてほか

≫ 図2-5　レジストリを使ったイメージの配布（Docker Hubの例）

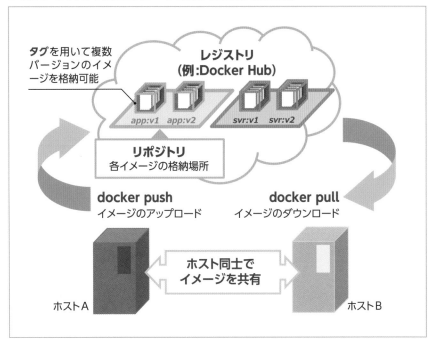

のホストと共有されます。レジストリサービスにはいくつかあり、主要クラウドベンダー[注3]、[注4]、[注5]からも提供されていますが、その中でも代表的なものは Docker 社が運営する Docker Hub[注6]です。Docker Hub に登録したユーザーは、「リポジトリ」と呼ばれるイメージの格納場所を Docker Hub 上に複数作成できます。リポジトリ内にはさらに複数のイメージを格納可能で、それぞれのイメージは「タグ」と呼ばれる文字列を用いて区別されます。

　先ほどの例では、myimage:v1という名前のイメージを作成しましたが、myimage がリポジトリ名、v1がそのリポジトリ内の具体的なイメージを指し示すタグとして扱われます。こうすることで、1つのリポジトリ内で、あるイメージに対する複数のバージョンを管理できます。

　この節では、先ほど作成した myimage:v1イメージを Docker Hub に格納します。この手順を手元で試す場合は、Docker Hub の公式手順に従い、ユーザー登録やホスト上からのログインをしてください。また、以下の手順は、先ほど作成したイメージを Web 上に公開状態でアップロードする点に注意してください。

　それでは、先ほど作成したイメージ myimage:v1を Docker Hub に格納してみましょう。

　まず、イメージ名に変更を加える必要があります。具体的には、イメージ名の決められた位置に、Docker Hub アカウントのユーザー名をスラッシュ区切りで含める必要があります。

　たとえば、筆者の Docker Hub アカウントは「ktokunaga」のため、イメージをDocker Hub 上で扱うには、ktokunaga/myimage:v1というイメージ名にする必要があります。こうすることで、「ktokunaga ユーザーが持つ myimage リポジトリのv1タグが付与されたイメージ」という具合に、さまざまなユーザーからのイメージが格納されている Docker Hub 上で、自身のイメージを特定できるようになります。

　イメージに新たな名前を付与するには、画面2-8の❶に示すように docker tag コマンドを用います。引数としてもともとのイメージ名（myimage:v1）と新

注3）　Google Artifact Registry: **URL** https://cloud.google.com/artifact-registry
注4）　Azure Container Registry: **URL** https://azure.microsoft.com/ja-jp/services/container-registry/
注5）　Amazon Elastic Container Registry: **URL** https://aws.amazon.com/jp/ecr/
注6）　Docker Hub: **URL** https://hub.docker.com/

≫ 画面2-8　コンテナイメージに新たな名前を付与

```
$ docker tag myimage:v1 ktokunaga/myimage:v1 ◀━━━━━━❶
$ docker image ls ktokunaga/myimage:v1 ◀━━━━━━━━━❷
REPOSITORY          TAG       IMAGE ID       CREATED        SIZE
ktokunaga/myimage   v1        5e3651f223dd   4 minutes ago  77.8MB
```

≫ 画面2-9　docker pushコマンドでイメージをDocker Hubに格納

```
$ docker push ktokunaga/myimage:v1
The push refers to repository [docker.io/ktokunaga/myimage]
1337f23cf6a7: Pushed
256d88da4185: Pushed
v1: digest: sha256:d3a99b502683193e35a4cda4ce71d43942feedf70dee6641a9bdbd496
cd44631 size: 736
```

たな名前（ktokunaga/myimage:v1）を指定しコマンドを実行すると、イメージ
にその新たな名前が付与されます。画面2-8の❷のようにdocker image lsコ
マンドを使って、名前が正しく付与されていることを確認できます。

　なお、Docker Hub以外のレジストリ上のイメージ名には、レジストリの名前
を含める必要があります。たとえばGitHub Container Registryのイメージには
ghcr.io/ktock/myimage:v1のようにレジストリの名前（ghcr.io）を含めます。
イメージの細かい命名規則は各レジストリサービスによっても異なりますので、
利用するレジストリサービスに応じて適宜適切なイメージ名を用いてください。

　それでは、このイメージをDocker Hubにアップロードします。ここで、コン
テナ技術を扱う際は一般的に、レジストリへの「アップロード」、「ダウンロー
ド」ではなくレジストリへの「push」、「pull」という用語が用いられます。本書
でも、以降はpush、pullという言葉を用います。レジストリへのイメージのpush
はdocker pushコマンドで行います（画面2-9）。

　Docker Hub上で自身が管理するリポジトリの管理画面にアクセスしてみると、
図2-6のようにpushしたイメージが格納されていることがわかります。

　このようにしてレジストリに格納したイメージは、ほかのホストからpullで
きるようになります。イメージをpullするには、画面2-10で示すようにdocker
pullコマンドを使用します。こうしてpullしたイメージは、前節と同様に
docker runコマンドで実行でき、コンテナの挙動も先ほどと同じになります。

　このようにして、一度作成したイメージmyimage:v1は、レジストリにpushし

≫ 図2-6　Docker Hub上のリポジトリの管理画面

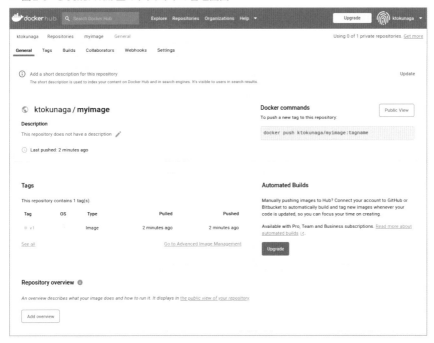

≫ 画面2-10　Docker Hubからイメージのpullと実行

```
$ docker pull ktokunaga/myimage:v1
v1: Pulling from ktokunaga/myimage
43f89b94cd7d: Pull complete
769cc6066583: Pull complete
Digest: sha256:d3a99b502683193e35a4cda4ce71d43942feedf70dee6641a9bdbd496cd44631
Status: Downloaded newer image for ktokunaga/myimage:v1
docker.io/ktokunaga/myimage:v1
$ docker run --name mycontainer ktokunaga/myimage:v1
Hello, World!
```

たり、それを別のホストからpullすることで、さまざまな環境で共有可能になり
ます。

いろいろなコンテナ実行方法

　Dockerを使うことで、コンテナをさまざまな方法で実行できます。この節ではその中でも特によく使われる実行方法を簡単に紹介します。

2-2-1 ▶ ホストとコンテナ間でのファイル共有やデータの永続化

　先述したように、コンテナのルートファイルシステムはホストから隔離されており、コンテナ内からほかのコンテナやホストのファイル群は見えません。さらに、コンテナを終了・削除するとそのルートファイルシステムに書き込んだ内容も破棄されます。

　ここで、Dockerは、ホストやコンテナ間でデータを共有したり、データを永続化する機能も備えます。たとえば、ホスト上のファイルをコンテナへ共有したり、あるコンテナで作成したファイルを他のコンテナと共有したり、それをコンテナ再作成後も保持するなど、さまざまな使い方ができます。

　Bind mount[注7]は、ホストのファイルやディレクトリをコンテナにマウントできる機能で、docker runの-vフラグ[注8]から利用できます（画面2-11）（図2-7）。このフラグは引数として、ホストのファイルあるいはディレクトリ、コンテナ内のマウントポイント（ホストのデータが見えるようにするディレクトリ）、マウ

注7) **URL** https://docs.docker.com/storage/bind-mounts/
注8) あるいは--volumeフラグ（-vと同様の引数をとる）や--mountフラグ（-vとは異なる引数をとる）もbind mountに利用できます。

≫ **画面2-11　ホストとディレクトリを共有するコンテナの実行**

```
$ mkdir /tmp/greeting/
$ echo "Hello!" > /tmp/greeting/from-host
$ docker run -it --name test-bind-mount -v /tmp/greeting/:/mnt/:ro ubuntu:22.
04 /bin/bash
root@ddb78a785655:/# cat /mnt/from-host　ホストから共有されたディレクトリにアクセスできる
Hello!
```

≫ 図2-7　bind mountとボリューム

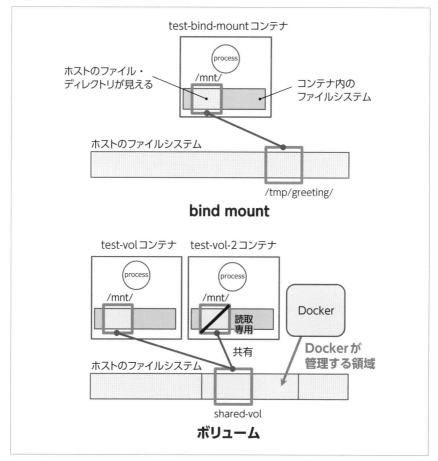

ントオプションをコロン区切りで受けとります。

　画面2-11の-v /tmp/greeting/:/mnt/:roフラグでは、ホストのディレクト
リ「/tmp/greeting/」をコンテナの「/mnt/」へ読み取り専用（ro）でマウントし
ます（マウントフラグを指定しない場合は読み書き可能状態になります）。実際
にコンテナ内で/mnt/from-hostを読むと、ホストが書き込んだファイルを見る
ことができます。

　最後に、シェルから Ctrl ＋ D などで抜け、コンテナを終了、削除しておきま
す（画面2-12）。

≫ 画面2-12　コンテナの停止と削除

```
$ docker stop test-bind-mount
test-bind-mount
$ docker rm test-bind-mount
test-bind-mount
```

≫ 画面2-13　ボリューム付きでコンテナを実行

```
$ docker run -it --name test-vol -v shared-vol:/mnt/ ubuntu:22.04 /bin/bash
root@5e606e0776cd:/# echo "Hello!" > /mnt/hello  ボリューム「shared-vol」を通じて他のコンテナに共有できる
root@5e606e0776cd:/# echo "test" > /test  このコンテナ内からだけ見える
```

　また、Dockerのボリューム機能[注9]を使うと、コンテナ同士でファイルやディレクトリを共有したり、書き込んだ内容をコンテナ削除後も保持できるようになります。ボリュームもbind mountも実質的には同様で、ホストのストレージをコンテナから利用可能にします。ボリュームを利用する場合は、それらに名前を付けてdocker volumeコマンドで管理することができます（図2-7）。

　ボリューム機能も同じく-vフラグから利用できます[注10]。その利用方法はbind mountの場合と似ていますが、ボリュームを利用する場合はホストのファイル・ディレクトリのパスではなく、利用するボリュームの名前を指定します。画面2-13の例では、-v shared-vol:/mnt/フラグにより、「shared-vol」と名付けたボリュームを作成し、コンテナ内の「/mnt/」に読み書き可能な状態でマウントし、使用します。shared-volボリュームを通じ、このコンテナはデータをほかのコンテナに共有できます。

　画面2-13では、そのボリュームにHello!という文字列を書き込んでおり、このファイルは同じボリュームを使用するほかのコンテナからも読むことができます。なお、このボリューム以外のパスに書き込まれるデータは、ほかのコンテナには共有されません。たとえば、ここで/testというファイルを書き込んでも、このファイルはほかのコンテナからは見えません。

　実際にコンテナ間でボリュームが共有されることを確かめるために、画面2-14では、別のターミナルで、このshared-volボリュームを使用するコンテナ

注9）　**URL** https://docs.docker.com/storage/volumes/
注10）　あるいは--volumeフラグ（-vと同様の引数をとる）や--mountフラグ（-vとは異なる引数をとる）もボリュームに利用できます。

≫ 画面2-14　ボリュームを共有するコンテナの実行

```
$ docker run -it --name test-vol-2 -v shared-vol:/mnt/:ro ubuntu:22.04 /bin/bash
root@3abcc0f7008b:/# cat /mnt/hello ［ボリューム「shared-vol」を通じて「test-vol」コンテナが書き込んだ
ファイルが読める］
Hello!
root@3abcc0f7008b:/# cat /test ［ボリューム以外のディレクトリは「test-vol-2」コンテナ固有のもの］
cat: /test: No such file or directory
root@3abcc0f7008b:/# echo hi > /mnt/hi ［ボリュームを「ro」フラグ付きでマウントしているため書き込めない］
bash: /mnt/hi: Read-only file system
```

≫ 画面2-15　コンテナの終了と削除

```
$ docker stop test-vol test-vol-2
test-vol
test-vol-2
$ docker rm test-vol test-vol-2
test-vol
test-vol-2
```

≫ 画面2-16　作成したボリュームを表示

```
$ docker volume ls
DRIVER      VOLUME NAME
local       shared-vol
……（省略）……
```

を新たに起動します。ボリュームのフラグは-v shared-vol:/mnt/:roとし、3項目にroオプションを与えることで、このボリュームを読み取り専用でコンテナの/mntにマウントします。

　実際に/mnt/helloファイルを読むと、先ほど別のコンテナから書き込まれたファイルが見えます。しかしボリューム以外のファイルは他のコンテナから隔離されているため、たとえば別のもう一方のコンテナ（画面2-13）の/testファイルは、このコンテナからは見えません。

　最後に、シェルから Ctrl ＋ D などで抜け、コンテナを終了、削除しておきます（画面2-15）。

　作成したボリュームはDockerによって管理されており、docker volume ls コマンドでその一覧を得ると、実際に上記の例で作成されたボリュームが表示されます（画面2-16）。ほかにもdocker volume配下にはさまざまなコマンドが用意されており、ボリュームの作成や削除など、ボリュームに対するさまざまな

≫ 画面2-17 ボリュームの削除

```
$ docker volume rm shared-vol
shared-vol
```

操作ができます。

　上記で作成したボリュームの削除はdocker volume rmで行います（画面2-17）。

　このように、bind mountやボリューム機能を利用することで、ファイルシステムが隔離されたコンテナにおいて、ホストやコンテナ同士でデータを共有したり、データを永続化できます。これらの機能について、さらなる情報はドキュメントを参照ください[注7、注9]。

2-2-2 ▶ コンテナのポートをホスト上で公開

　コンテナへはホストとは独立したネットワークインタフェースが与えられ、ホストとは異なるIPアドレスを割り振られます。デフォルトではコンテナはホストのポート上で通信を待ち受けることはできません。

　ここで、Dockerは、コンテナの特定のポートを、ホスト側のポートに紐付けることで、ホスト上でコンテナのポートを公開する機能を持ちます[注11]。コンテナ内でサーバなどネットワーク経由のリクエストを受け付けるアプリケーションを実行する場合などに便利です。画面2-18は、このポート公開の機能を利用し、コンテナ内のnginxサーバがホスト上のポートで接続を待ち受けています（図2-8）。なお、-dフラグを付与することでコンテナをバックグラウンドで起動しています。

　ポート公開の機能は-pフラグ（または--publish）でできます。このフラグは引数として、使用するホストのIPアドレス、ホストのポート番号そしてコンテナのポート番号をコロン区切りで指定できます[注12]。この例では、コンテナ内のnginxサーバがコンテナ内で接続を待ち受けるポート80番を、ホストの

注11）**URL** https://docs.docker.com/network/#published-ports
注12）デフォルトでTCPポートを公開しますが、-pフラグに /udpというプロトコル設定を加えることで、UDPポートを公開することもできます。

≫ 画面2-18　ホストの127.0.0.1のポート上に公開されるnginxコンテナの実行

```
$ docker run -d --name nginx-sample -p 127.0.0.1:8080:80 nginx:1.25
d70a66871e67ad572b40680cbb50d99a8d1be4d2c159e7fbe2165b571470131b
$ curl 127.0.0.1:8080  コンテナへ紐付けされたホストのポートを通じてコンテナ内で稼働するnginxにアクセ
スできる
<!DOCTYPE html>
<html>
<head>
<title>Welcome to nginx!</title>
<style>
html { color-scheme: light dark; }
body { width: 35em; margin: 0 auto;
font-family: Tahoma, Verdana, Arial, sans-serif; }
</style>
</head>
<body>
<h1>Welcome to nginx!</h1>
<p>If you see this page, the nginx web server is successfully installed and
working. Further configuration is required.</p>

<p>For online documentation and support please refer to
<a href="http://nginx.org/">nginx.org</a>.<br/>
Commercial support is available at
<a href="http://nginx.com/">nginx.com</a>.</p>

<p><em>Thank you for using nginx.</em></p>
</body>
</html>
$ docker stop nginx-sample
nginx-sample
$ docker rm nginx-sample
nginx-sample
```

≫ 図2-8　ポート公開

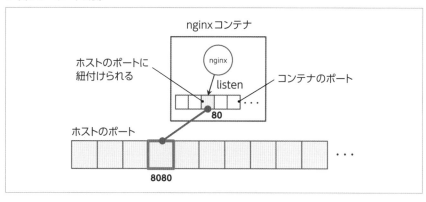

nginxコンテナ

ホストのポートに
紐付けられる

nginx

listen

コンテナのポート

80

ホストのポート

8080

127.0.0.1:8080 に紐付けています[注13]。127.0.0.1:8080 への通信は Docker によって nginx コンテナのポート80番に送られるため、実際に curl コマンドで127.0.0.1:8080 にリクエストを送ると、nginx からのレスポンスが得られます。

-p フラグの完全な使い方や、その他の Docker のネットワーク管理機能については、ドキュメントを参照してください[注11]。

2-2-3 ▶ Compose：複数のコンテナをまとめて管理

Compose は、単一マシン上で複数の関連するコンテナをまとめて管理する機能です。docker コマンドは単一のコンテナへの操作を提供しますが、Compose を使うことで、複数コンテナに対する実行・停止などの操作を1つのコマンドでまとめて行えます。なお、Compose とは異なり、次章で述べる Kubernetes は、複数マシンからなる分散環境でのコンテナ管理に使用されます。

まとめて管理したいコンテナ群は、それらの実行設定を1つの「Compose ファイル[注14]」と呼ばれる YAML 形式のファイルにまとめて記述します。設定項目には、docker run コマンドへのフラグのように、コンテナで使用するボリュームやポート公開の設定も含まれます。

docker compose コマンドを Compose ファイルと一緒に使うことで、コンテナ群に対して Build、Ship、Run などの操作をまとめて行えます[注15]。

- docker compose build：Compose ファイルで指定されたビルドを実行する
- docker compose up：Compose ファイルに記載されたコンテナを起動する
- docker compose down：Compose ファイルに記載されたコンテナを停止し削除する

注13) なお、ポートを紐付ける IP アドレスの指定（例：この例では 127.0.0.1）を省略した場合、Docker はホスト外からの通信も受け付けることに留意ください。

注14) **URL** https://docs.docker.com/compose/compose-file/

注15) かつて Compose 機能は「docker-compose」（docker と compose の間にハイフンが入ります）という専用コマンドとして提供されていました。これは Compose V1 と呼ばれます（なお本書で扱う「docker compose」コマンド（docker と compose の間にハイフンなし）は Compose V2 にあたります）。Compose V1 は 2023 年 7 月にサポートが終了しました。したがって今後は Docker コマンドに統合されている「docker compose」（Compose V2）の利用が主流になります。**URL** https://docs.docker.com/compose/migrate/

≫ 画面2-19　Composeファイルの作成

```
$ mkdir compose
$ cd compose
$ cat <<EOF > compose.yml
services:
  wordpress:  wordpressコンテナの定義
    image: wordpress:6.3
    restart: always
    ports:
      - 127.0.0.1:8080:80  コンテナのポートをホストに紐付け
    environment:  環境変数の指定
      WORDPRESS_DB_HOST: db
      WORDPRESS_DB_USER: exampleuser
      WORDPRESS_DB_PASSWORD: examplepass
      WORDPRESS_DB_NAME: exampledb
    volumes:
      - wordpress:/var/www/html  ボリュームをコンテナ内にマウント
  db:  dbコンテナの定義
    image: mariadb:11.1
    restart: always
    environment:  環境変数の指定
      MYSQL_DATABASE: exampledb
      MYSQL_USER: exampleuser
      MYSQL_PASSWORD: examplepass
      MYSQL_RANDOM_ROOT_PASSWORD: '1'
    volumes:
      - db:/var/lib/mysql  ボリュームをコンテナ内にマウント
volumes:  各コンテナが使うボリュームの定義
  wordpress:
  db:
EOF
```

画面2-19に示すComposeファイル例は、WordPress[注16]サーバとそれが利用するデータベースとしてMariaDB[注17]を実行するコンテナを、Composeによりひとまとめに管理します（図2-9）。トップレベルにはservices要素を記載し、その中にサービスとして、各コンテナの実行設定などを記載します。wordpressコンテナは、wordpress:6.3イメージを実行します。また、dbコンテナとして、MariaDB（mariadb:11.1）を稼動させます。wordpressコンテナからはdbコンテナへその名前でアクセスでき、環境変数「WORDPRESS_DB_HOST」に「db」を与えることで、WordPressがMariaDBを利用するよう設定します。

各コンテナはそれぞれトップレベル要素であるvolumesで定義されるボリュー

注16) **URL** https://hub.docker.com/_/wordpress
注17) **URL** https://hub.docker.com/_/mariadb

≫ 図2-9　Compose

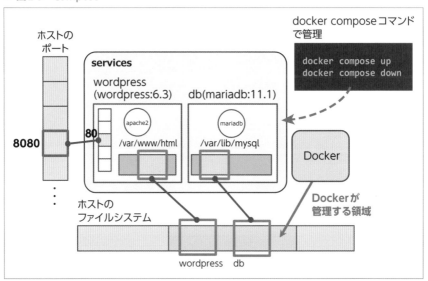

ムを利用し、wordpressボリュームはwordpressコンテナの「/var/www/html」にマウントされ、dbボリュームはdbコンテナの「/var/lib/mysql」にマウントされます。

　ports設定により、wordpressコンテナの80番ポートがホストの127.0.0.1:8080で公開されています。

　画面2-20に示すように、このComposeファイルをcompose.ymlという名前で空のディレクトリに保存します。さらにそのディレクトリでdocker compose upコマンドを実行することでComposeファイルに記載されたコンテナ群が起動し

≫ 画面2-20　Composeでコンテナをまとめて起動

```
$ tree  ディレクトリにcomposeファイルを配置する
└── compose.yml

0 directories, 1 file
$ docker compose up -d  composeファイルからコンテナ群の起動
[+] Running 5/5
 ✔ Network compose_default        Cre...        0.1s
 ✔ Volume "compose_db"            Created       0.0s
 ✔ Volume "compose_wordpress"     Created       0.0s
 ✔ Container compose-wordpress-1  Started       0.7s
 ✔ Container compose-db-1         Star...        0.7s
```

≫ 図2-10 Composeで起動したwordpressにアクセス

ます。-dフラグを付与するとバックグラウンドでそれらが起動します。

wordpressコンテナの80番ポートはホストの127.0.0.1:8080で公開されています。図2-10のように、ブラウザから127.0.0.1:8080にアクセスすると、稼動しているWordPressに実際にアクセスできます。

最後にdocker compose downコマンドを実行することでComposeファイルに記載されたコンテナを終了・削除します（画面2-21）。-vフラグでボリュームも削除しています。

このように、Compose機能を使うと単一マシン上で複数コンテナをまとめて管理することができます。ここで取り上げなかった、ビルドやネットワーキングなど、Composeのそのほかさまざまな設定方法についてはドキュメントを参照ください[18]。

注18) **URL** https://docs.docker.com/compose/

≫ 画面2-21 composeでコンテナをまとめて終了

```
$ docker compose down -v
[+] Running 5/5
 ✓ Container compose-db-1         Remov...        0.5s
 ✓ Container compose-wordpress-1  Removed         1.3s
 ✓ Volume compose_db              Removed         0.1s
 ✓ Volume compose_wordpress       Rem...          0.1s
 ✓ Network compose_default        Remo...         0.1s
```

Dockerfile

Dockerfileは、コンテナイメージの作成手順を記述したファイルです。docker buildにDockerfileを与えることで、Dockerはその手順どおりにイメージを作成します。この節ではDockerfileの概要を紹介します。

2-3-1 ▶ Dockerfileの基本的な文法

Dockerfileの文法はシンプルで、Dockerfileがサポートする「命令」を次のフォーマットで行単位に記述します。

```
命令 引数
```

Dockerなどのビルドツールは各行に記述された命令をファイルの先頭から実行していくことで、イメージを作成していきます。

イメージのビルドはFROM命令から始まります。これは、これから作成するイメージの土台として使う「ベースイメージ」と呼ばれるイメージを指定する命令です。FROM命令に続く命令は、その土台のイメージのルートファイルシステムや実行時設定に対する操作として記述されます。

先述したように、イメージはコンテナのルートファイルシステムと実行時設定（実行コマンドやユーザーなど）をまとめたものです。Dockerfileの各命令は、これらそれぞれに変更を施します。たとえば、本書でも用いている代表的な命令には次のようなものがあります。

・COPY命令：コンテキストなどからイメージへ、ファイルをコピーする（ルートファイルシステムへの変更）
・RUN命令：イメージ内でシェルコマンドを実行する（ルートファイルシステムへの変更）

≫ 画面2-22　figlet版のスクリプトを含むコンテキストの作成

```
$ mkdir hello
$ cat <<EOF > ./hello/hello.sh
#!/bin/bash
set -eu
figlet "Hello, World!"
exec sleep infinity
EOF
$ chmod +x ./hello/hello.sh
```

≫ リスト2-1　Hello, World!を出力するコンテナを作成するためのDockerfile

```
FROM ubuntu:22.04
ENV DEBIAN_FRONTEND=noninteractive
RUN apt-get update && apt-get install -y figlet
COPY ./hello.sh /hello.sh
ENTRYPOINT [ "/hello.sh" ]
```

・ENV命令：後続命令やビルド結果のイメージの実行時に設定される環境変数を指定する（実行時設定に対する変更）
・ENTRYPOINT命令：イメージをコンテナとして実行するときにコンテナ内で実行するコマンドを指定する（実行時設定に対する変更）

　そのほかの命令については、公式のドキュメントを参照してください[注19]。例として、本節でもイメージを作成してみます。具体的には、2-1節の例よりも少しリッチなアスキーアートでHello, World!を出力するイメージを作成します。ここでは、シェルからアスキーアートを出力するのに便利なツールであるfigletコマンド[注20]を用います。画面2-22に示すとおり、ビルドに用いるコンテキストには、2-1節の例と同様、シェルスクリプトだけを含めます。格納するシェルスクリプトも2-1節のものに似ていますが、異なっている点は、echoコマンドの代わりにfigletコマンドを使って文字列をアスキーアートで出力するようにしている点です。

　リスト2-1に、本節の例で使うDockerfileを示します。本節の例では、FROM命令としてFROM ubuntu:22.04が記述されています。この場合、2-1-3節で紹介したDocker Hubで公開されている公式イメージubuntu:22.04がビルド時に

注19）**URL** https://docs.docker.com/engine/reference/builder/
注20）**URL** https://en.wikipedia.org/wiki/FIGlet

» 図2-11 Dockerfileによるビルド

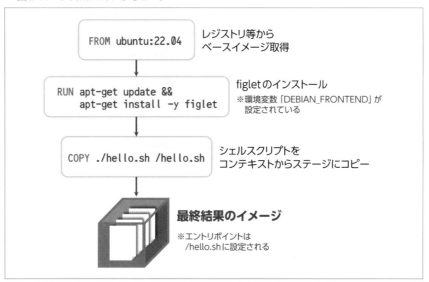

Docker Hubからpullされ、これがベースイメージとして用いられます。

この後、Dockerfile上でFROM命令に続いて記述された各命令に従い、「コマンドの実行」や「コンテキストからのファイルのコピー」などを通じてこのベースイメージ（ubuntu:22.04）に対して次々と変更が加えられながら、ビルドが進んでいきます（図2-11）。

本節の例では、FROMも含めた各命令に従い、次の❶〜❺のようにビルドが進んでいきます。

❶ FROM命令により、ubuntu:22.04というイメージをDocker Hubからpullしベースイメージとして用いる

❷ ENV命令により、環境変数「DEBIAN_FRONTEND」を設定し、「apt-get」が、Dockerfileのサポートしない対話的機能（ダイアログなど）を実行しないようにする。

❸ RUN命令により、ベースイメージ上でapt-getコマンドを実行し、figletをインストールする

❹ COPY命令により、コンテキストからhello.shをコピーする

≫ 画面2-23　コンテキストとDockerfileからイメージをビルド

```
$ tree ./hello  上述のDockerfileとhello.shをhelloディレクトリに配置
./hello
├── Dockerfile
└── hello.sh

0 directories, 2 files
$ docker build -t hello:v1 ./hello  イメージをビルド
[+] Building 15.9s (9/9) FINISHED                              docker:default
 => [internal] load build definition from Dockerfile          0.2s
 => => transferring dockerfile: 193B                          0.0s
 => [internal] load .dockerignore                             0.4s
 => => transferring context: 2B                               0.0s
 => [internal] load metadata for docker.io/library/ubuntu:22.04  3.3s
 => [auth] library/ubuntu:pull token for registry-1.docker.io 0.0s
 => [1/3] FROM docker.io/library/ubuntu:22.04@sha256:2b7412e6465c  0.5s ベー
スイメージで使うubuntu:22.04の取得
 => => resolve docker.io/library/ubuntu:22.04@sha256:2b7412e6465c  0.2s
 => => sha256:2b7412e6465c3c7fc5bb21d3e6f1917c167 1.13kB / 1.13kB 0.0s
 => => sha256:c9cf959fd83770dfdefd8fb42cfef0761432af3 424B / 424B 0.0s
 => => sha256:e4c58958181a5925816faa528ce959e4876 2.30kB / 2.30kB 0.0s
 => [internal] load build context                             0.2s
 => => transferring context: 98B                              0.0s
 => [2/3] RUN apt-get update && apt-get install -y figlet    10.6s apt-
getによりfigletがインストールされる
 => [3/3] COPY ./hello.sh /hello.sh                           0.3s hell
o.shがイメージへコピーされる
 => exporting to image                                        0.5s
 => => exporting layers                                       0.5s
 => => writing image sha256:65a87969a7babff3e8adb91cff4ec0a96bedf 0.0s
 => => naming to docker.io/library/hello:v1                   0.0s
$ docker run --rm --name=hello1 hello:v1
```

❺ ENTRYPOINT命令により、コンテナを起動したらhello.shを実行するよう設定を施す

　先ほど作成したコンテキストをもとに、docker buildコマンドを用いてイメージがビルドされる様子を画面2-23に示します。イメージにはhello:v1という名前を付けています。docker buildコマンドから出力される結果を見てみると、Dockerfileに記述した手順どおりにビルドが進行していることが確認できます。

　さらに画面2-23ではそのイメージをdocker runコマンドを用いて実行して

いまず。コンテナからの出力がリッチなアスキーアートの「Hello, World!」になったことから、期待どおりのイメージが作成されたことが確認できます。

2-3-2 ▶ マルチステージビルド

前節では単一ベースイメージを用いたビルドを紹介しましたが、1つのDockerfileに複数のFROM命令を記述することで、複数のビルドをまとめることもできます。各FROM命令から始まるひとまとまりのビルド手順は「ステージ」と呼ばれ、それぞれ独立にビルドされます。いくつかの命令を用いてステージ間を連携させることもできます。「マルチステージビルド[注21]」は、このように複数のステージを1つのDockerfileで記述できる機能です。

マルチステージビルドの便利な使い道の1つに、イメージの軽量化があります。たとえばコンパイラなどのさまざまなツール群を必要とする、バイナリをビルドするステージと、その実行用の軽量なステージとに、ビルドを分割できます。これにより、ビルド結果のイメージにコンパイル用のツール群が含まれないようにし、軽量化できます。

リスト2-2は、マルチステージビルドを活用するDockerfileの例です（図

注21）🔗 https://docs.docker.com/build/building/multi-stage/

≫ リスト2-2　マルチステージビルドを使用するDockerfile

```
FROM golang:1.21.3 AS dev ソースコードをコンパイルするためのステージ
COPY . /root/hello/
RUN go build -o /hello /root/hello/hello.go

FROM scratch コンパイル結果の実行ファイルだけを含む、実行用のステージ
COPY --from=dev /hello .
ENTRYPOINT [ "/hello" ]
```

≫ リスト2-3　helloを出力するGoソースコード（hello.go）

```
package main

import "fmt"

func main() {
    fmt.Println("hello") 「hello」を出力
}
```

≫ 図2-12　マルチステージビルド

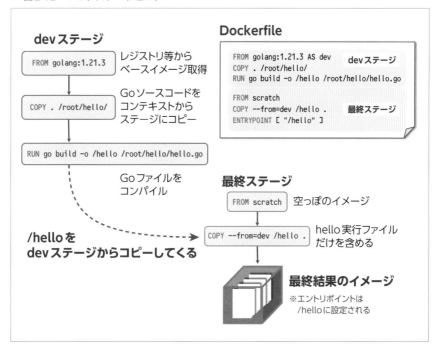

2-12)。リスト2-3およびリスト2-4に示す「"hello"を画面に出力して終了」する
Goファイルをビルドしてコンテナにまとめます。

　ステージは、FROM命令から始まって次のFROM命令またはファイル末尾まで
の間に記載される、ひとまとまりのビルド手順です。各ステージには名前を付
与でき、これには「FROM イメージ名 AS 名前」という命令を使います。この例
では、devと名付けられたステージにGoコンパイラが含まれており、ここでバ
イナリをビルドします。

　ステージ間でファイルを共有することもできます。特によく使われる機能は
「COPY --from=ステージ名」という命令で、あるステージからそのCOPY命令が

≫ リスト2-4　Goプログラムのコンパイルに必要なgo.modファイル

```
module hello

go 1.21.3
```

実行されるステージへファイルをコピーします。この例では、devステージか
ら最終ステージへ、ビルドされたアプリケーションのバイナリ（hello）をコピー
しています。ここで最終ステージの先頭で指定している「FROM scratch」により、
そのステージはベースイメージを使わず、何も含まれない空っぽの状態からビ
ルドが行われます。これにより、最終ステージは、ビルドされたアプリケーショ
ンだけを含む、より軽量なイメージを作成します。

　このDockerfileは画面2-24に示すようにdocker buildコマンドでビルドでき
ます。ビルドしたイメージでは、Goで記述した「helloを出力するプログラム」
が実行されます。

　ここで、最終ステージで作成されたイメージがdevステージよりも軽量になっ
たことを確認します。画面2-25のように、--targetフラグを使い、devステー
ジを指定してビルドし、そのイメージにhello-go-devという名前を付けます。
そして先ほどビルドしたhello-goとサイズを比べてみると、ビルド用の依存ファ
イル群がない分、hello-goイメージ（1.8MB）はhello-go-devイメージ（842MB）
に比べて軽量になっています。

　Docker v23.0.0からdocker buildのバックエンドとして用いられているビル
ダ「BuildKit注22」は、マルチステージなDockerflieを効率的にビルドする機能を備
えます。具体的には、BuildKitは、Dockerfileに記載されている命令同士の依存
関係を分析することで、必要最低限のステージだけを実行し、かつそれらの実
行を可能な限り並列化します。

　たとえば、リスト2-5は、並列マルチステージビルドを活用します。この例で
は前述のDockerfileに変更を施し、helloの文字列を、figletを使ってリッチな出
力にします。このDockerfileにおける、命令間の依存関係は図2-13のようにな
ります。

　最終ステージにおいて「COPY --from=dev /hello .」命令はdevステージか
らバイナリをコピーしています。したがって最終ステージのそのCOPY命令およ
び以降の命令は、devステージに依存します。そこでBuildKitは、devステージ
が完了したあとにこのCOPY命令以降を実行します。

　一方で、最終ステージにおいて「COPY --from=dev /hello .」よりも前の命

注22）**URL** https://github.com/moby/buildkit

≫ 画面2-24　Dockerfileとコンテキストからマルチステージビルドを実施

```
$ tree .
.
├── Dockerfile
├── go.mod
└── hello.go

0 directories, 3 files
$ docker build -t hello-go .
[+] Building 32.2s (10/10) FINISHED                    docker:default
 => [internal] load build definition from Dockerfile        0.2s
 => => transferring dockerfile: 192B                        0.0s
 => [internal] load .dockerignore                           0.3s
 => => transferring context: 2B                             0.0s
 => [internal] load metadata for docker.io/library/golang:1.21.3  2.9s
 => [auth] library/golang:pull token for registry-1.docker.io  0.0s
 => [internal] load build context                           0.2s
 => => transferring context: 357B                           0.0s
 => [dev 1/3] FROM docker.io/library/golang:1.21.3@sha256:24a093  18.8s [devス
```
テージ]ビルドに使うgolang:1.21.3イメージを取得
```
 => => resolve docker.io/library/golang:1.21.3@sha256:24a09375a62  0.2s
 => => sha256:d0214956a9c50c300e430c1f6c0a820007a 1.58kB / 1.58kB  0.0s
 => => sha256:015e6b7f599b15be5eecad68608583d19d9 7.22kB / 7.22kB  0.0s
 => => sha256:24a09375a6216764a3eda6a25490a88ac17 2.36kB / 2.36kB  0.0s
 => => sha256:0a9573503463fd3166b5b1f34a7720dac 49.58MB / 49.58MB  3.0s
 => => sha256:1ccc26d841b4acc2562483bf393ce1cf8 24.05MB / 24.05MB  1.7s
 => => sha256:800d84653581fc119cd75cd572fa190d3 64.13MB / 64.13MB  4.9s
 => => sha256:9211c993294398915ebd0aaf372f7cdb2 92.33MB / 92.33MB  5.1s
 => => sha256:b05d0f037378c842afdaeba0cb038a42a 67.00MB / 67.00MB  6.1s
 => => extracting sha256:0a9573503463fd3166b5b1f34a7720dac28609e9  3.5s
 => => sha256:9f49ffca687ac5513fd41991a1d578302096168 155B / 155B  5.2s
 => => extracting sha256:1ccc26d841b4acc2562483bf393ce1cf8bc358ce  0.6s
 => => extracting sha256:800d84653581fc119cd75cd572fa190d3b813d49  2.4s
 => => extracting sha256:9211c993294398915ebd0aaf372f7cdb2a3ef81b  2.9s
 => => extracting sha256:b05d0f037378c842afdaeba0cb038a42a0a9b4e2  4.1s
 => => extracting sha256:9f49ffca687ac5513fd41991a1d5783020961687  0.0s
 => [dev 2/3] COPY . /root/hello/                           0.5s [dev
```
ステージ]hello.goソースファイルをステージにコピー
```
 => [dev 3/3] RUN go build -o /hello /root/hello/hello.go   8.1s [dev
```
ステージ]hello.goファイルをコンパイル
```
 => [stage-1 1/1] COPY --from=dev /hello .                  0.2s [最終
```
ステージ]実行可能ファイルをdevステージからコピーしてくる
```
 => exporting to image                                      0.3s
 => => exporting layers                                     0.2s
 => => writing image sha256:e44260a298e99e3abafa0f3c67821624e0579  0.0s
 => => naming to docker.io/library/hello-go                 0.0s
$ docker run --rm hello-go  ビルドしたイメージを実行
hello
```

≫ 画面2-25　devステージのビルドとイメージサイズ比較

```
$ docker build -t hello-go-dev --target dev .   devステージ指定してビルド
[+] Building 2.0s (8/8) FINISHED                              docker:default
 => [internal] load build definition from Dockerfile            0.1s
 => => transferring dockerfile: 192B                            0.0s
 => [internal] load .dockerignore                              0.1s
 => => transferring context: 2B                                0.0s
 => [internal] load metadata for docker.io/library/golang:1.21.3  1.0s
 => [internal] load build context                             0.1s
 => => transferring context: 84B                               0.0s
 => [dev 1/3] FROM docker.io/library/golang:1.21.3@sha256:24a0937  0.0s
 => CACHED [dev 2/3] COPY . /root/hello/                        0.0s
 => CACHED [dev 3/3] RUN go build -o /hello /root/hello/hello.go  0.0s
 => exporting to image                                         0.4s
 => => exporting layers                                        0.4s
 => => writing image sha256:f0c91b39aa4618a13d427754b5b1ea418ae48  0.0s
 => => naming to docker.io/library/hello-go-dev                0.0s
$ docker image ls 'hello-go*'   ビルドしたイメージ一覧の取得
REPOSITORY      TAG       IMAGE ID       CREATED         SIZE
hello-go        latest    e44260a298e9   About a minute ago  1.8MB   コンパイル済
み実行ファイルだけを含む
hello-go-dev    latest    f0c91b39aa46   About a minute ago  842MB   コンパイル済
み実行ファイルに加え、Goコンパイラなどビルド用ツール一式を含む
```

≫ リスト2-5　並列化されるDockerfileの例

```
FROM golang:1.21.3 AS dev
COPY . /root/hello/
RUN go build -o /hello  /root/hello/hello.go

FROM ubuntu:22.04
ENV DEBIAN_FRONTEND=noninteractive
RUN apt-get update && apt-get install -y figlet
COPY --from=dev /hello .
ENTRYPOINT [ "/bin/sh", "-euc", "/hello | figlet" ]
```

令（FROM命令やRUN命令）は、devステージのビルド結果に依存しません。したがっ
て、それら命令はdevステージと並列に実行できます。そこでBuildKitは、dev
ステージの実行と、最終ステージにおけるubuntu:22.04イメージの取得やfiglet
のインストールを、並列に実行します。このように、BuildKitはDockerfileに記載
の命令群の依存関係を分析し、依存関係にない命令群を可能な限り並列に実行
することで、ビルド時間を短縮しようとします。

　さらにBuildKitは、複数アーキテクチャで実行可能な「マルチプラットフォー

≫ 図2-13　Dockerfile命令の依存関係と並列化

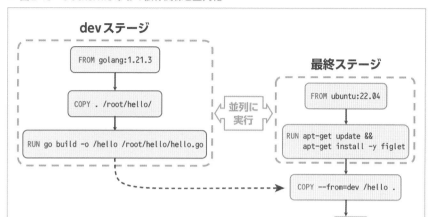

ム」なイメージを作成したり、Kubernetes上でビルドを実行する機能など、イメージのビルドにまつわるさまざまな機能を持ちます。それら機能について詳しくはドキュメントを参照ください[注23]。

注23) URL https://docs.docker.com/build/

コンテナのレイヤ構造

Dockerなどを用いてコンテナを操作する上で、コンテナイメージとそこから実行されるコンテナがどのような構造をしているかを知っていると、コンテナをより扱いやすくなります。

本稿では特に、イメージがコンテナのルートファイルシステムのデータをどのように保持しているかに注目し、それがイメージビルドやコンテナの実行にどのように影響しているのかを紹介します。

2-4-1 ▶ コンテナイメージのレイヤ構造

コンテナを操作する上で重要な点に、コンテナは「変更差分の集まり」である、

≫ 図2-14　コンテナのレイヤ構造

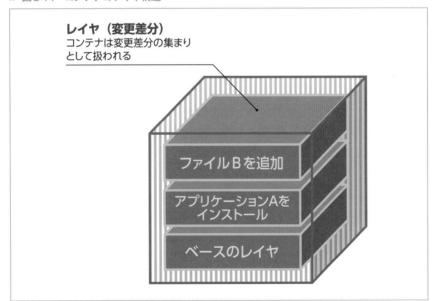

という点があります（図2-14）。たとえば、2-1節で`myimage:v1`をビルドした際、イメージは`ubuntu:22.04`という名前の既存イメージを土台として、新たに「Hello, World! を出力するシェルスクリプトを加える」という変更を加えて`myimage:v1`というイメージを得ました。基本的にコンテナはこのような変更差分を集めたものとみなされ、各変更差分は「レイヤ」と呼ばれます。コンテナはそのワークフロー全体を通じて、レイヤの集まりとして扱われます。

図2-15に示すように、コンテナイメージは、それに何も格納されていない状態から始まり、次々と加えられていく変更差分つまり「レイヤ」を集めたものとして扱われます。

≫ 図2-15 コンテナのレイヤ構造とワークフロー

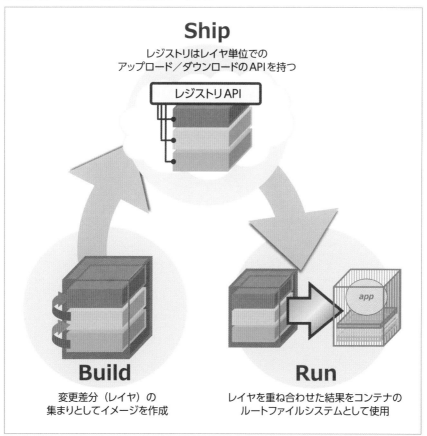

また、そのイメージから実行されるコンテナは、実行環境中のファイルシステムに何も格納されていない状態から、それら変更差分群（レイヤ群）を次々と適用していった結果として得られるファイル群を、ルートファイルシステムとして用いて実行されます。さらにレジストリも、レイヤ単位でイメージのデータをアップロードしたりダウンロードするAPIを持っています。

2-4-2 ▶ コンテナイメージの中身を見る

　ここからは、コンテナがレイヤの集まりであることを体感するため、実際にイメージを解剖してみます。なお、本節で紹介するイメージの構造は、mobyコミュニティで定義されるイメージ仕様「Docker Image Specification 1.2[注24]」に定められています。OCIによって定められているイメージ仕様[注25]はDockerの仕様とは違いがあるものの、コンテナをレイヤの集まりとして扱う点で基本的な構造は同じです。気になる方は合わせて参照ください。また、本節はDocker 24を用います。Docker 25以降を使う場合は、イメージの構造に違いがありますので本章末のコラムを参照ください。

注24) **URL** https://github.com/moby/moby/tree/v24.0.6/image/spec
注25) OCIによるイメージ仕様「OCI Image Specification」については第4章でも紹介します：**URL** https://github.com/opencontainers/image-spec/

≫ **画面2-26　Dockerイメージの解剖（ディレクトリ名は異なる場合があります）**

```
$ mkdir dumpimage
$ docker save myimage:v1 | tar -xC ./dumpimage ◀━━━━①
$ tree ./dumpimage ◀━━━━━━━━━━━━━━━━━━━②
./dumpimage
├── 2ff43702bbf2ca08b5bc62d957b58da255ac0b9689cdee584dac9c88adfabae5
│   ├── json
│   ├── layer.tar
│   └── VERSION
├── 5e3651f223dd3eae507cc0251c71fbb3fa91eeaa5442a053385e921a126c613e.json
├── 9c78f74ad967b8929d1515b5f4ded20539f46fd7147fc56e9d15470427a5fa54
│   ├── json
│   ├── layer.tar
│   └── VERSION
├── manifest.json
└── repositories

2 directories, 9 files
```

まず、2-1節で作成したmyimage:v1を、docker saveコマンドを用いて適当なディレクトリに格納します（画面2-26の❶）。このコマンドはDockerが管理しているコンテナイメージをtar形式で出力するコマンドです。今回の例ではそのイメージをそのままdumpimageというディレクトリに格納します。

画面2-26の❷では、イメージに含まれるデータ（ファイル群）をtreeコマンドを用いて一覧表示しています。イメージに含まれるこれらファイル群は、おおよそ次のように大別されます[注26]。

・コンテナが用いるルートファイルシステムのデータ：layer.tar
・実行コマンドや環境変数など、実行環境を再現するための情報：5e36……（省略）……613e.json
・イメージの構成に関する情報：manifest.json、repositories
・その他（過去の仕様との互換性のために保持されるファイル群）：VERSION、json

本節ではその中でも特にルートファイルシステムのデータに注目します。先ほど画面2-26で出力したイメージを見てみると、その中にlayer.tarという名前のtarファイルがいくつか含まれていることがわかります。これらtarファイル群こそが、コンテナイメージを構成するレイヤ群であり、コンテナのルートファイルシステムへの変更差分です。

注26) **URL** https://github.com/moby/moby/blob/v24.0.6/image/spec/v1.2.md#combined-image-json--filesystem-changeset-format

≫ 画面2-27 レイヤに含まれているファイル群を確認

```
$ tar --list -f ./dumpimage/9c78f74ad967b8929d1515b5f4ded20539f46fd7147fc56e
9d15470427a5fa54/layer.tar | head -n 10
bin
boot/
dev/
etc/
etc/.pwd.lock
etc/adduser.conf
etc/alternatives/
etc/alternatives/README
etc/alternatives/awk
etc/alternatives/nawk
```

≫ 画面2-28　ビルド時に加えたシェルスクリプトがレイヤに含まれている

```
$ tar --list -f ./dumpimage/2ff43702bbf2ca08b5bc62d957b58da255ac0b9689cdee58
4dac9c88adfabae5/layer.tar
hello.sh
$ tar -x0f ./dumpimage/2ff43702bbf2ca08b5bc62d957b58da255ac0b9689cdee584dac9
c88adfabae5/layer.tar hello.sh
#!/bin/bash
set -eu
echo "Hello, World!"
exec sleep infinity
```

　試しに画面2-27に示すように中身をリストしてみると、etcなど、ルートファイルシステムで見覚えのあるディレクトリが見えます。

　2-1節でこのmyimgae:v1イメージを作成する際、土台となるubuntu:22.04イメージに対して「シェルスクリプトhello.shを追加する」という変更差分を加えました。この変更差分も、レイヤ群のうちの1つを見てみると、tarファイルとして保持されていることがわかります（画面2-28）。

　Dockerはコンテナの実行時、これらtarに格納されているレイヤを重ね合わせることでルートファイルシステムを構築し、その上でコンテナを実行しています。このように、コンテナイメージは変更差分であるレイヤの集合として扱われていることが解剖を通じて実感できます。

2-4-3 ▶ コンテナのビルドとレイヤ構造

　前述の例でコンテナをビルドする際、その作成手順書としてDockerfileを用いました。コンテナのレイヤ構造は、このDockerfileに記述されたイメージ作成手順にも深く関係します。Dockerは、Dockerfile上でFROM命令に続いて記述された各命令に従い、「コマンドの実行」や「コンテキストからのファイルのコピー」などを通じてこのベースイメージに対して次々と変更を加えながら、ビルドを進めます。このとき、DockerはFROM命令で指定されたベースイメージに対し、各命令の実行によって生じる変更差分をそれぞれレイヤとして上乗せしていくことを通じてイメージをビルドします（図2-16）。ベースイメージにもともと含まれていたレイヤ群はそのまま結果のイメージにも含まれます。

≫ 図2-16　Dockerfileとレイヤ構造

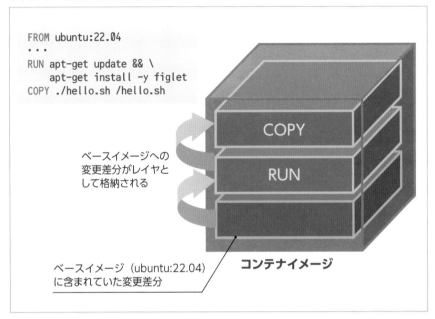

≫ リスト2-1　Hello, World!を出力するコンテナを作成するためのDockerfile（再掲）

```
FROM ubuntu:22.04
ENV DEBIAN_FRONTEND=noninteractive
RUN apt-get update && apt-get install -y figlet
COPY ./hello.sh /hello.sh
ENTRYPOINT [ "/hello.sh" ]
```

　図2-16にも示すように、2-3節で挙げたhello:v1イメージのビルド例（リスト2-1）ではFROM命令で指定されたベースイメージのレイヤ群がそのまま結果のイメージにも含まれ、さらに続くRUN命令によるapt-get実行、COPY命令によるファイルコピーで生じる変更差分がそれぞれレイヤとして上乗せされ、結果として得られるレイヤ群がまとめて1つのイメージとして扱われます。

　さらにDockerは、Dockerfileの各命令を実行するたび、各変更差分をキャッシュしながらビルドを進めていきます（図2-17）。以降のビルドで、同じ変更差分が期待されるステップについては、キャッシュを活用してその実行を省略することで、ビルドにかかる時間の短縮が期待できます。

≫ 図2-17　キャッシュによるビルドステップの省略

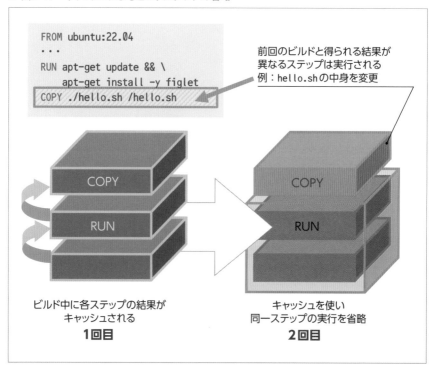

2-3節で行ったhello:v1イメージのビルドの場合、FROMで得たubuntu:22.04
ベースイメージに対し、RUN命令によるapt-getコマンド実行で得られる変更差
分がキャッシュされます。さらにその後のCOPY命令を通じて、コンテキストか
らルートファイルシステムへのファイルのコピーで得られる変更差分もキャッシュ
されます。

　こうしてキャッシュされた変更差分は、以降のビルドで活用されます。

　例として、2-3節で作成したhello:v1イメージの新バージョンを作成して
みます（画面2-29）。hello:v1イメージの作成時に使用したコンテキストを
hello2としてコピーし、表示する文字列がIt works!になるようにシェルスク
リプトhello.shを上書きします。

　このコンテキストから、新バージョンのイメージhello:v2を作成します。使
用するDockerfileは先ほどと同様です（リスト2-I）。したがって、再度ビルドを

≫ 画面2-29　シェルスクリプトhello.shの上書き

```
$ cp -R hello hello2
$ cat <<EOF > ./hello2/hello.sh
#!/bin/bash
set -eu
figlet "It works!"
exec sleep infinity
EOF
$ tree ./hello2
./hello2
├── Dockerfile
└── hello.sh

0 directories, 2 files
```

実行すると、hello:v1のときとまったく同じ、次の❶～❺の手順でビルドが進行することが期待されます。

❶ FROM命令により、ubuntu:22.04というイメージをDocker Hubからpullしベースイメージとして用いる

❷ ENV命令により、環境変数「DEBIAN_FRONTEND」を設定し、「apt-get」が、Dockerfileのサポートしない対話的機能（ダイアログなど）を実行しないようにする。

❸ RUN命令により、ベースイメージ上でapt-getコマンドを実行し、figletをインストールする

❹ COPY命令により、コンテキストからhello.shをコピーする

❺ ENTRYPOINT命令により、コンテナを起動したらhello.shを実行するよう設定を施す

　しかし、実際に画面2-30に示すようにイメージをビルドしてみると、今回はubuntu:22.04のpullや、apt-getの実行は行われず、COPYコマンド以降のステップから実行されました。その分、ビルドにかかる時間も短縮されます。

　docker buildの出力を見てみると、画面2-31のようにCACHEDという文言が出力されています。hello:v2のビルドにおいて、このRUN命令による「ubuntu:22.04に対してapt-getコマンドを実行する」という処理はhello:v1のビルドの際と同じです。したがって、このように同じ変更差分が期待できる

≫ 画面2-30 イメージのビルドを実行

```
$ docker build -t hello:v2 ./hello2
[+] Building 2.2s (8/8) FINISHED                         docker:default
 => [internal] load build definition from Dockerfile         0.2s
 => => transferring dockerfile: 193B                         0.0s
 => [internal] load .dockerignore                            0.3s
 => => transferring context: 2B                              0.0s
 => [internal] load metadata for docker.io/library/ubuntu:22.04   0.8s
 => [1/3] FROM docker.io/library/ubuntu:22.04@sha256:2b7412e6465c  0.0s  先ほ
どの例でpull済みのため新たなpullは行わない
 => [internal] load build context                            0.2s
 => => transferring context: 94B                             0.0s
 => CACHED [2/3] RUN apt-get update && apt-get install -y figlet   0.0s  先ほど
の例によるキャッシュを使い、apt-getを実行しない
 => [3/3] COPY ./hello.sh /hello.sh                          0.2s  hell
o.shがイメージにコピーされる
 => exporting to image                                       0.3s
 => => exporting layers                                      0.2s
 => => writing image sha256:8d43e5bffe0591c132ab21d14de176890f3aa  0.0s
 => => naming to docker.io/library/hello:v2                  0.0s
$ docker run --rm --name=hello2 hello:v2
  ___  _                  _   _                   _   _
 |   || |_  __  __    _  |    | '_ | | ___| |
 | || |__|| ¥ ¥ /¥ / / _ ¥| '_| | |/ / _| |
 | ||| |_   ¥ V V / (_) | | |    <¥_ ¥_|
 |__|¥_|    ¥_/¥_/ ¥___/|_|  |_|¥_¥__(_)
```

≫ 画面2-31 キャッシュを用いた命令実行の省略

```
 => CACHED [2/3] RUN apt-get update && apt-get install -y figlet    0.0s
```

命令については、すでにhello:v1のときにキャッシュ済みのレイヤを用いることで、この命令の実行自体が省略されます。

　以上のように、ビルドはイメージのレイヤ構造と深い関係があり、ビルダはこのレイヤ構造を利用したキャッシュの仕組みも備えています。イメージをビルドする際は、レイヤ構造やキャッシュの使われ方を意識することで、より効率的なビルドを行うことができるようになります。

　本書ではイメージビルドのベストプラクティスについてはこれ以上踏み込みませんが、イメージを軽量化するためにあえて複数のレイヤを1つにまとめたり、より軽量なベースイメージを用いるなど、イメージビルドにはさまざまなベストプラクティスが語られており、奥の深い世界です。

≫ 画面2-32　コンテナを2つ実行する

```
$ docker run -d --name mycontainer1 myimage:v1
98b5afe735f54dd17c3dc66ec0001a128a02d7614cf4f8b3de2ae4b578a8d18f
$ docker run -d --name mycontainer2 myimage:v1
184dfd378950c9b339f766b21f44c90ca5adba01a219194da53127110971ad37
```

≫ 画面2-33　ほかのコンテナからはファイルの変更が見えない

```
$ docker exec mycontainer1 /bin/bash -c 'echo "New File!" > /newfile.txt'
$ docker exec mycontainer1 cat /newfile.txt  mycontainer1には新たに作成したファイルがある
New File!
$ docker exec mycontainer2 cat /newfile.txt  別のコンテナからはそのファイルは見えない
cat: /newfile.txt: No such file or directory
```

2-4-4 ▶ コンテナの実行時のレイヤ構造

　コンテナのレイヤ構造は、その実行時にも保たれています。たとえば、先ほどのmyimage:v1からコンテナを2つ実行する場合を考えます（画面2-32）。今回は-dオプションを付けてコンテナをバックグラウンドで実行します。

　これら2つのコンテナは共通のイメージ（myimage:v1）から実行されたものですが、別々のコンテナとして実行されているため、片方のコンテナがルートファイルシステムに施した変更は、ほかのコンテナには見えません。実際に、画面2-33に示すようにmycontainer1のルートファイルシステムに変更を加えてみても、mycontainer2からはもちろん見えません。

　それでは、これらのコンテナのルートファイルシステムには、同一のイメージ（myimage:v1）から作成される別々のコピーが使われているのでしょうか。しかし、その場合、各コンテナはnewfile.txtを除いてまったく同一のルートファイルシステムを重複して保持することになってしまいます。

　特に次章で触れるKubernetesの環境では、同一のホスト上に同じイメージから作成される複数コンテナが並列に稼動することは多々あります。コンテナが複製されるたびに、そのルートファイルシステムの同一のコピーが作られていくのは、ストレージを効率的に利用する観点からも好ましくありません。

　ここでコンテナのレイヤ構造は、コンテナ同士で可能な限りデータの重複を作らないようにしつつ、互いの環境が影響し合わないようにする、という要求を

≫ 図2-18　コンテナ実行時の読み書き可能レイヤ

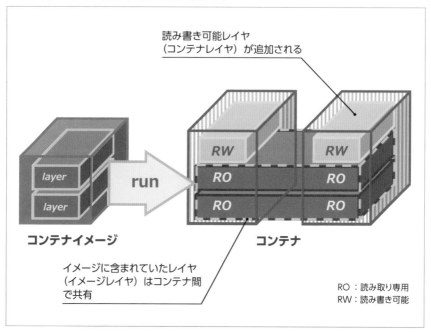

満たすのに役立っています（図2-18）。

　ホスト上でDockerは、イメージをそのレイヤ構造を保った状態で保持しています。また、イメージからコンテナを実行する際は、そのイメージのレイヤ群を重ね合わせ、その結果をルートファイルシステムとして用います。ここで重要なのが、あるイメージからコンテナを複数実行する場合でも、それらコンテナ同士で共通のレイヤ群はコピーされることなく、共有されるという点です（図2-18）。また、イメージを構成していたレイヤ群は読み取り専用、つまり直接書き込みができないような状態になってコンテナ間で共有されているため、そのレイヤの内容がほかのコンテナによって意図せずに書き変えられないようになっています。しかし、上記の例ではルートファイルシステムへの書き込みができていました。これはどのようにして実現されているのでしょうか。

　これは図2-18にも示しているとおり、コンテナの実行時にはレイヤ群を重ね合わせたさらに一段上に、そのコンテナ専用の読み書き可能のレイヤを新たに

作成することで実現されています。

　ここで、この読み書き可能レイヤには、コンテナの実行に伴うルートファイルシステムへの変更差分だけが格納されています。つまり、あるファイルが作成された場合、その作成されたファイルのみがその読み書き可能レイヤに格納されます。さらに、読み取り専用である下位レイヤに含まれているファイルを変更する場合は、変更対象のファイルのみ読み書き可能レイヤにコピーされ変更が加えられる、Copy on Write（CoW）という仕組みが用いられます。これにより、レイヤ群をほかのコンテナと共有しつつも、各コンテナはそれぞれルートファイルシステムへの書き込みが可能であり、かつその変更履歴も必要最小限のファイルのコピーとして保持することが可能になります。

　以上のように、コンテナのレイヤ構造を活かすことで、それぞれのコンテナが、ほかのコンテナによって意図せず書き換えられることなく、かつ重複排除が可能となります。同一のイメージからコンテナを多数作成してもストレージが効率的に使用されます。前節で紹介したイメージビルドの際も、各ステップの実行のためにこのようなレイヤ構造のルートファイルシステムが同様に使われています。

2-4-5 ▶ レイヤ構造のイメージからのルートファイルシステム作成に用いられる要素技術

　前節では、イメージのレイヤ構造と、その重ね合わせによるルートファイルシステムの構築によってもたらされる利点を述べてきました。しかし、ここで、Dockerが複数レイヤ群を重ね合わせたり、CoWの仕組みを提供するということを当たり前のように述べてきましたが、これはどのように実現されているのでしょうか。

　本節では、この点をもう少し深掘りし、レイヤ構造のイメージが、どのようにしてコンテナのルートファイルシステムへと展開されるのか、という点について紹介します。

　Dockerはこの機能の実現のために、storage driver（あるいはgraph driver[注27]）

注27) **URL** https://docs.docker.com/storage/storagedriver/select-storage-driver/

Dockerの概要

≫ 図2-19　イメージとコンテナにおけるレイヤの重ね合わせ（overlay2 storage driverの例）

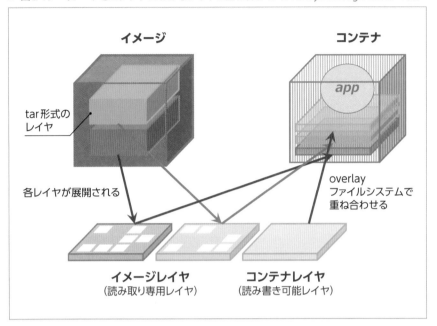

と呼ばれるコンポーネントを用いています[注28]。

　storage driverはコンテナを構成する各レイヤをホスト上で保持しており、それらを重ね合わせてコンテナのルートファイルシステムとして利用できるようにするなど、レイヤ群の管理を担うコンポーネントです。storage driverにはいくつかの実装があり、overlayfs、btrfsを含むファイルシステムなどの機能を活用して実装されています[注29]。

　本節ではその中でも特に本書執筆時点で、多くのLinuxディストリビューション環境でRecommended（推奨）となっているstorage driver「overlay2」に注目します。2-4-2節でのイメージの解剖を思い出してみると、変更差分である各レイヤはtar形式でアーカイブされていました。overlay2 storage driverはそれら

注28）Docker 24現在で、Dockerは実験的機能としてsnapshotterと呼ばれるストレージプラグインもサポートしており、今後この利用も広がることが予想されます。snapshotterの場合も、overlayfsベースでレイヤ管理を行うもの（overlayfs snapshotter）が広く使われます。**URL** https://docs.docker.com/storage/containerd/

注29）**URL** https://docs.docker.com/storage/storagedriver/select-storage-driver/#supported-backing-filesystems

≫ 画面2-34　overlay2 storage driverがレイヤを格納している様子（ディレクトリ名はこの例と異なる場合があります）

```
# ls /var/lib/docker/overlay2/cd3d6a56624841f6da92c292e9f020d1ffa1feaf1f313f
1c236126e18246ff03/diff/   レイヤが展開されて格納されている
bin  etc   lib   mnt  proc  run   srv  tmp  var
dev  home  media opt  root  sbin  sys  usr
# ls /var/lib/docker/overlay2/f047d618cdaea3383ac7dfc9ccd12bc52e95acda20cd43
0e72c63fe556285fb3/diff/   本章冒頭での例でシェルスクリプトを加えたレイヤも格納されている
hello.sh
# cat /var/lib/docker/overlay2/f047d618cdaea3383ac7dfc9ccd12bc52e95acda20cd4
30e72c63fe556285fb3/diff/hello.sh
#!/bin/bash
set -eu
echo "Hello, World!"
exec sleep infinity
```

レイヤを個別のディレクトリに展開した状態で保持しています（図2-19）。

そしてこれらディレクトリと、コンテナレイヤ（読み書き可能レイヤ）として使われるディレクトリをoverlayファイルシステムで重ね合わせられた結果が、コンテナのルートファイルシステムとして使われます。

実際に、画面2-34に示すようにoverlay2 storage driverがレイヤのデータを格納している領域（/var/lib/docker/overlay2）を覗いてみると、本書冒頭の例で作成したイメージmyimage:v1を構成するレイヤも、展開された状態で格納されていることが確認できます。

以降は、これらディレクトリを重ね合わせるためにoverlay2 storage driverから使われているoverlayファイルシステムについて、例を交えつつ紹介します。

overlayファイルシステムはLinuxカーネル3.18から導入され、あるディレクトリを別のディレクトリへ重ね合わせ、その重ね合わせた結果をマウントできるファイルシステムです。マウントしたファイルシステムへCoWな変更もサポートしており、Dockerを始めとするコンテナのユースケースに有用です（図2-20）。overlayファイルシステムはDockerだけでなく、containerdやCRI-Oなどほかのツールにおいても、コンテナのルートファイルシステムの作成に用いられます。

実際に、overlayファイルシステムをシェルから操作することを通じて、ディレクトリ同士がどのように重ね合わされているのか試してみましょう。

本節の例では、図2-20に示すように、2つのレイヤに見立てたディレクトリlayer1とlayer2を1つに重ね合わせ、その結果がどのように見えるのか、ある

≫ 図2-20　ディレクトリの重ね合わせ

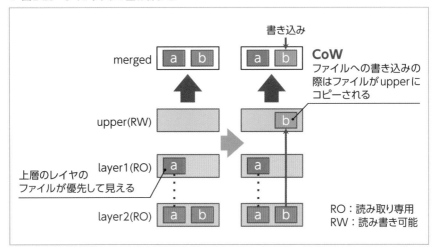

≫ 画面2-35　2つのレイヤを表すディレクトリを作成

```
$ mkdir layer1 layer2
$ echo "layer1 A" > ./layer1/a
$ echo "layer2 A" > ./layer2/a
$ echo "layer2 B" > ./layer2/b
```

ファイルに変更を加えるとどのようにCoWがなされているのかなどを見ていきます。まず、各レイヤに対応するディレクトリを用意し、その中にいくつかの適当なファイル（layer1/a、layer2/a、layer2/b）を作成します（画面2-35）。

　実際のコンテナ実行の際は、これらディレクトリそれぞれに、イメージを構成する各レイヤのtarファイルが展開されると考えてください。

　それでは、mountコマンドを用いて、これらlayer1、layer2をoverlayファイルシステムで重ね合わせます。layer2が最下層、layer1がその上に乗るようにします。ファイルaはどちらの層にも重複して存在することになることに留意してください。mountコマンドでoverlayファイルシステムをマウントするには、画面2-36に示すように、mountコマンドに対してファイルシステムの種類（-tオプション）としてoverlayを指定します。マウントオプション（-oオプション）としては、各層のディレクトリ（この例ではlowerdirオプションとしてlayer1、layer2）を指定し、今回はこのファイルシステムに変更も加えたいので、その

◆ 電子書籍・雑誌を 読んでみよう!

| 技術評論社　GDP | 検索 |

 で検索、もしくは左のQRコード・下の
URLからアクセスできます。

https://gihyo.jp/dp

1 アカウントを登録後、ログインします。
【外部サービス(Google、Facebook、Yahoo!JAPAN)
でもログイン可能】

2 ラインナップは入門書から専門書、
趣味書まで3,500点以上!

3 購入したい書籍を 🛒カート に入れます。

4 お支払いは「**PayPal**」にて決済します。

5 さあ、電子書籍の
読書スタートです!

も電子版で読める！

電子版定期購読が
お得に楽しめる！

くわしくは、
「**Gihyo Digital Publishing**」
のトップページをご覧ください。

📖 電子書籍をプレゼントしよう！

Gihyo Digital Publishing でお買い求めいただける特定の商品と引き替えが可能な、ギフトコードをご購入いただけるようになりました。おすすめの電子書籍や電子雑誌を贈ってみませんか？

こんなシーンで…　　　●ご入学のお祝いに　●新社会人への贈り物に
　　　　　　　　　　　　　　●イベントやコンテストのプレゼントに　………

●**ギフトコードとは？**　Gihyo Digital Publishing で販売している商品と引き替えできるクーポンコードです。コードと商品は一対一で結びつけられています。

くわしいご利用方法は、「**Gihyo Digital Publishing**」をご覧ください。

電脳会議

紙面版

新規送付の
お申し込みは…

電脳会議事務局　　　検索

で検索、もしくは以下の QR コード・URL から
登録をお願いします。

https://gihyo.jp/site/inquiry/dennou

技術評論社　　電脳会議事務局
〒162-0846　東京都新宿区市谷左内町21-13

≫ 画面2-36　レイヤをoverlayファイルシステムで重ね合わせてマウントする

```
$ mkdir upper work merged
$ sudo mount -t overlay overlay -olowerdir=layer1:layer2,upperdir=upper,workd
ir=work merged
```

≫ 画面2-37　overlayファイルシステムをマウントしたディレクトリの中身を確認

```
$ tree ./merged
./merged
├── a
└── b

0 directories, 2 files
$ cat ./merged/a  layer1、layer2どちらにも存在するのでより上層のlayer1のファイルが優先して見える
layer1 A
$ cat ./merged/b  layer2に含まれるファイルが見える
layer2 B
$ ls ./upper  何も書き込みをしてないため、upperにはまだ何も格納されていない
```

上層にさらにupperという名前で変更差分を保持するためのディレクトリを重ねます（upperdirオプション）。加えて、カーネルが作業用に使うディレクトリworkもオプションに指定します（workdirオプション）。

　mountコマンドに対する以上の設定をコンテナになぞらえてみると、イメージに含まれるlayer1、layer2を読み取り専用のレイヤとして重ね合わせ、さらに読み書き可能レイヤとしてupperディレクトリを用いた、という形になります。今回は、この重ね合わせ結果のマウント先としてmergedという名前のディレクトリを使用します。

　画面2-36を実行すると、mergedディレクトリに重ね合わされた結果がマウントされます。画面2-37にそのマウントポイントであるmergedディレクトリの中身を示します。merged内には、先ほど作成したファイルa、bが見えます。layer1、layer2いずれにも同一名で存在するファイルaについては、より上層のlayer1のファイル（layer1 Aと書き込んだファイル）が優先して見えます。

　ここで、ファイルシステムにはまだ何の書き込みも行っていないため、CoWによるファイルのコピーはまだ発生していません。そのため、変更差分を保持するupperディレクトリにはまだ何も格納されていません。

　それではここで、mergedディレクトリ内のファイルに実際に書き込みを行い、

≫ 画面2-38　ファイルへの書き込みとCoW

```
$ echo "Write to merged" > ./merged/b
$ cat ./merged/b
Write to merged
$ ls ./upper   upperにbがコピーされている
b
$ cat ./upper/b   ファイルの内容が変更されている
Write to merged
$ cat ./layer2/b   layer2中のファイルは変更されていない
layer2 B
```

CoWによりどのファイルがどのようにコピーされているかを見てみます。画面2-38のようにechoコマンドでファイルbにWrite to mergedという文字列の書き込みを行うと、layer2（最下層）にあったファイルbがupperにコピーされ、その内容がWrite to mergedに変更されていることが確認できます。layer2ディレクトリ内のファイルbの内容自体は変更されていません。

　このように、overlayファイルシステムのマウントの際にlowerdirとして指定したディレクトリ（layer1、layer2）には変更は加えられず、変更差分はupperdirに指定したディレクトリにCoWで書き込まれていきます。

　また、ここでlowerdirで指定したディレクトリは、ここまでで述べたのと同じような手順を踏んで、新たに別のoverlayファイルシステムをマウントする際にも使うことができます。つまり、ディレクトリはそれらマウント間で共有されることになります（図2-21）。

　実際にoverlayファイルシステムでディレクトリを共有する例を見てみます。画面2-39では、mergedへのマウントで使われているlayer1、layer2をふたたび下位ディレクトリとして使用し、新たにoverlayファイルシステムを別のディレクトリnew_mergedにマウントしています。ここで、layer1、layer2内のファイルは各マウントのために複製されるのではなく、mergedおよびnew_mergedで共有されます（図2-21）。

　さらにnew_merged中でファイルへの書き込みや新たなファイル作成などの変更を加えても、CoWにより変更は下位のディレクトリlayer1、layer2には直接加えられず、その変更もmergedからは見えません（画面2-40）。

≫ 図2-21　マウントポイント間でのディレクトリの共有

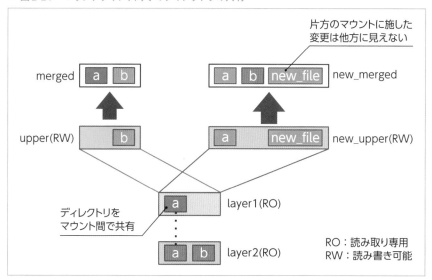

≫ 画面2-39　layer1、layer2を新たに別のディレクトリにマウント

```
$ mkdir new_upper new_work new_merged
$ sudo mount -t overlay overlay -olowerdir=layer1:layer2,upperdir=new_
upper,workdir=new_work new_merged
$ tree ./new_merged
./new_merged
├── a
└── b

0 directories, 2 files
```

≫ 画面2-40　new_mergedの変更はmergedからは見えない

```
new_mergedでファイルに変更を加えてもmergedからは見えない
$ echo "Write from new_merged!" > ./new_merged/a
$ cat ./new_merged/a
Write from new_merged!
$ cat ./merged/a
layer1 A

new_mergedで新たにファイルを作成してもmergedからは見えない
$ echo "New file in new_merged!" > ./new_merged/new_file
$ cat ./new_merged/new_file
New file in new_merged!
$ cat ./merged/new_file
cat: ./merged/new_file: No such file or directory
```

　このように、overlayファイルシステムを用いることで、重ね合わせ対象のディレクトリを複数のマウントポイントでコピーすることなく共有でき、かつそれぞれのマウントポイントでの変更は互いに見えないということが確認できました。

　Dockerは、ここで紹介したoverlayファイルシステムなどの技術を用いて、コンテナ実行時のレイヤ群の重ね合わせを行っています。

Dockerのアーキテクチャと OCIランタイム

最後に、Dockerのアーキテクチャを俯瞰しながら、コンテナ作成を担うコンポーネントであるOCIランタイムというソフトウェアの概要を紹介します。

図2-22で示すように、Dockerはクライアント／サーバ型のアーキテクチャを採用しています。本章の例で操作していたdockerコマンドはDockerのクライアントコマンドにあたります。

マシン上ではDockerデーモン (dockerd) が起動しており、dockerコマンドからDocker APIと呼ばれるHTTP API経由で指示を受け付けます。Dockerデーモンは、コンテナの実行だけでなく、そのイメージやネットワーク、ストレージ

≫ 図2-22　Dockerデーモンとクライアント、OCIランタイム

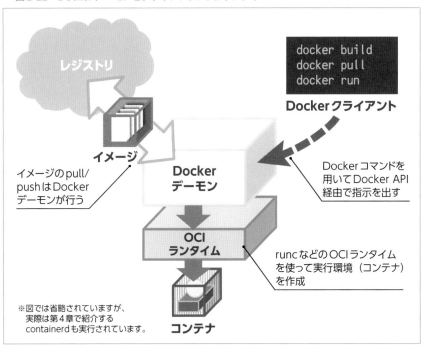

などコンテナのライフサイクル全体にわたる管理を担っています。また、CLIからの指示に従ってレジストリへのイメージのpushやpullなどもDockerデーモンが行います。前節で紹介したoverlayファイルシステムなどの操作を担当するstorage driverも、このDockerデーモンに実装またはプラグインされています。

　しかし、ホストから隔離された実行環境をコンテナとして作り出したり、それを直接操作するのはDockerデーモンではありません。それはOCIランタイム（低レベルランタイム）と呼ばれるソフトウェアが担当しています[注30]。OCIランタイムは、ホストから隔離された実行環境をコンテナとして作り出したり、その直接操作の手段を提供するソフトウェアで、仕様がOpen Container Initiative（OCI）により「OCI Runtime Specification」として定められています[注31]。実装としては、OCIによるリファレンス実装である「runc[注32]」、Googleの「gVisor[注33]」、OpenStack Foundation下で開発されている「Kata Containers[注34]」などさまざまなものがあります。各ランタイムが実行環境作成のために用いる技術も、Linuxカーネルの機能（namespace、cgroupなど）や仮想マシン、ユーザー空間カーネルなど多様です。

　OCIランタイムについては第4章でより詳しく解説していきますが、この時点ではDockerデーモンはOCIランタイムを操作してコンテナ実行環境の作成やその操作を行っているという点をおさえてください。多くのLinux環境ではruncが用いられることが一般的ですが、Dockerを適宜設定することで、使用するランタイムの変更もできます。ご自身の環境で用いているOCIランタイムをぜひ確認してみてください。

注30）Dockerのように低レベルランタイムを利用しながらコンテナを管理するソフトウェアも、同様にコンテナランタイムと呼ばれ、特に低レベルランタイムと対比して「高レベルランタイム」と呼ばれます。これについては第4章で詳しく述べます。
注31）**URL** https://github.com/opencontainers/runtime-spec
注32）**URL** https://github.com/opencontainers/runc
注33）**URL** https://gvisor.dev/
注34）**URL** https://katacontainers.io/

まとめ

　この章では、Dockerのサポートする基本的なワークフロー「Build、Ship、Run」を、コマンド例を挙げながら紹介しました。また、コンテナとホスト間のファイル共有やボリューム、ホストのポート利用、Composeによる管理、Dockerfileを用いたビルドなど、Dockerの主な利用方法をいくつか挙げました。

　さらに、コンテナの持つレイヤ構造を、実際にイメージを解剖しながら確認し、それがビルドやコンテナ実行にどのように影響するかについて述べました。加えて、レイヤ構造のコンテナイメージからコンテナのルートファイルシステムを作成するのに用いられるoverlayファイルシステムを紹介しました。

　最後に、Dockerのアーキテクチャの概要と、Dockerがコンテナの実行環境を作成するために用いる低レベルなコンテナランタイムである「OCIランタイム」の概要を述べました。

　次章では、コンテナを複数マシンからなる基盤上で管理するのに用いられるオーケストレーションエンジン「Kubernetes」を紹介します。

Docker 25を用いてコンテナイメージの中身を見る

　2-4-2節では、Docker 24を用いてイメージの中身を見ました。しかしDocker 25ではDockerが出力するイメージの構造に変更が加えられ、2-4-2節で紹介したものと異なり、OCIによって定められるイメージ仕様[注35]に沿った形式になりました。ここでは、Docker 25を利用する方に向けて、その例を紹介します。

　画面2-41に示すように、2-1節で作成したmyimage:v1を、docker saveコマンドを用いてdumpimageというディレクトリに格納します。treeコマンドによりイメージに含まれるファイル群の一覧が得られます。これらファイル群は、おおよそ次のように大別されます。

- コンテナのルートファイルシステムのデータを含む、イメージのコンテンツ：blobs/sha256/配下のファイル群
- イメージの構成に関する情報：oci-layout、index.json、manifest.json、repositories

---

注35）[URL] https://github.com/opencontainers/image-spec/

≫ 画面2-41　Docker 25でのイメージの解剖（ファイル名は異なる場合があります）

```
$ mkdir dumpimage
$ docker save myimage:v1 | tar -xC ./dumpimage
$ tree ./dumpimage
./dumpimage
├── blobs
│   └── sha256
│       ├── 6c41b3ad21c6d93dc9adf9054ba987700dccd12bbde87582ec1e1d7ba529c8de
│       ├── 6d8c53204156be8d8752cb2e339c27b906d743e2ea674bf75c246660c91432ef
│       ├── 8e87ff28f1b5ff2d5131999ccfa1e674cb252631c50683f5ee43fad59cbea8e1
│       ├── a30edb318c3f40f7fb27c97a63ab1cc9d940c982f99d854417b69a7d83600e52
│       ├── caf72639435ec32449e8d10add3d4cc3ffaf8f511224472aa16e66ecf1ab8bd8
│       └── fd7901b2e46a364d23b07293a4a17ebbc6767909195e6c473e0396e14981a9a3
├── index.json
├── manifest.json
├── oci-layout
└── repositories

2 directories, 10 files
```

blobs/sha256/ ディレクトリには、コンテナが用いるルートファイルシステム
のデータだけでなく、実行環境の情報などイメージを構成するさまざまなデー
タが含まれます。

本節ではその中でも特にルートファイルシステムのデータに注目します。画
面2-42のようにfileコマンドで各データの種類を確認してみると、いくつかの
tarファイルが含まれていることがわかります。これらtarファイル群が、コン
テナイメージを構成するレイヤ群、つまりコンテナのルートファイルシステム
への変更差分です[注36]。

試しに画面2-43に示すように中身をリストしてみると、etcなど、ルートファ
イルシステムで見覚えのあるディレクトリが見えます。

2-1節でmyimage:v1イメージを作成する際に、土台のubuntu:22.04に対して

注36) blobs/sha256内のデータのうちどれをレイヤとして使うかなど、イメージの構成はindex.jsonなどで
定義されます。イメージの構造について仕様に興味がある方は、OCIが定める標準仕様も合わせて参照
ください (URL) https://github.com/opencontainers/image-spec/blob/v1.0.2/image-layout.md)。

≫ 画面2-42　イメージに含まれるtarファイル

```
$ (cd ./dumpimage/blobs/sha256 ; file *)
6c41b3ad21c6d93dc9adf9054ba987700dccd12bbde87582ec1e1d7ba529c8de: JSON data
6d8c53204156be8d8752cb2e339c27b906d743e2ea674bf75c246660c91432ef: JSON data
8e87ff28f1b5ff2d5131999ccfa1e674cb252631c50683f5ee43fad59cbea8e1: POSIX tar archive
a30edb318c3f40f7fb27c97a63ab1cc9d940c982f99d854417b69a7d83600e52: JSON data
caf72639435ec32449e8d10add3d4cc3ffaf8f511224472aa16e66ecf1ab8bd8: JSON data
fd7901b2e46a364d23b07293a4a17ebbc6767909195e6c473e0396e14981a9a3: POSIX tar archive
```

≫ 画面2-43　レイヤに含まれているファイル群を確認

```
$ tar --list -f ./dumpimage/blobs/sha256/8e87ff28f1b5ff2d5131999ccfa1e674c
b252631c50683f5ee43fad59cbea8e1 | head -n 10
bin
boot/
dev/
etc/
etc/.pwd.lock
etc/adduser.conf
etc/alternatives/
etc/alternatives/README
etc/alternatives/awk
etc/alternatives/nawk
```

≫ 画面2-44　ビルド時に加えたシェルスクリプトがレイヤに含まれている

```
$ tar --list -f ./dumpimage/blobs/sha256/fd7901b2e46a364d23b07293a4a17ebbc
6767909195e6c473e0396e14981a9a3
hello.sh
$ tar -xOf ./dumpimage/blobs/sha256/fd7901b2e46a364d23b07293a4a17ebbc67679
09195e6c473e0396e14981a9a3 hello.sh
#!/bin/bash
set -eu
echo "Hello, World!"
exec sleep infinity
```

追加したシェルスクリプトhello.shも、レイヤとして保持されています（画面
2-44）。

　Dockerはコンテナの実行時、これらレイヤを重ね合わせてコンテナのルートファ
イルシステムを構築します。このようにコンテナイメージは変更差分であるレイ
ヤの集合として扱われます。

第 **3** 章

———————

Kubernetesの概要

Kubernetes[注1]は、複数マシンからなる基盤上でコンテナ群を管理するのに用いられるオーケストレーションエンジンです。この章では、Kubernetes の持つ機能のうち基本的なものを紹介します。

3-1 Kubernetes の特徴

本節では、Kubernetes の持つコンテナ群の管理に有用な特徴のうち、特によく語られる 3 つを紹介します。

3-1-1 ▶ ファイルを用いた宣言的管理

Kubernetes が持つ主要な特徴の 1 つに「宣言的」なアプリケーションの管理ができるということが挙げられます（図 3-1）。あるアプリケーションをKubernetes 上にデプロイする際、Kubernetes に対して「アプリケーションやそれを構成するコンテナ群はこういう状態であるべき」など理想状態を YAML（YAML Ain't Markup Language）や JSON（JavaScript Object Notation）形式の「マニフェスト」と呼ばれる設定ファイルの形で宣言すると、それを実現・維持するための具体的な作業を Kubernetes がよしなに行ってくれるというものです。

マニフェストには、Kubernetes 環境で稼動すべきコンテナの数やそのデプロイ形式、コンテナから認識するべきストレージ、コンテナが持つべき通信エンドポイントなどアプリケーションの理想状態を表すさまざまな設定が含まれます。こうしたファイルを用いた管理の利点としては、マニフェスト群を Git などで管理できる点や、Kubernetes 環境を過去の状態に戻しやすい（つまり単に以前の状態を表すマニフェスト群を宣言すればよい）などの点が挙げられます。

注 1）　**URL** https://kubernetes.io

≫ 図3-1　理想状態の宣言とKubernetes の仕事

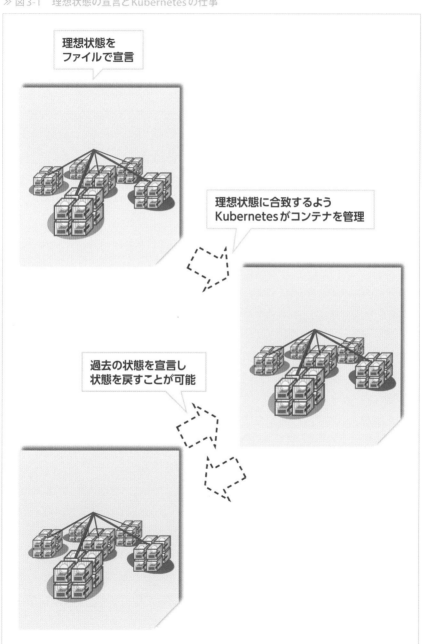

3-1-2 ▶ 広範なデプロイ形式のサポート

Kubernetesのもう1つの特徴としては「コンテナにまつわる広範なデプロイ形式をサポートしている」という点が挙げられます。一口にコンテナと言っても、そのデプロイ方法はさまざまです。一般にコンテナは、書き込まれたデータをその終了とともに破棄し、それ自体に永続的なデータや長期的な状態を持たせないといった、「ステートレス」な方針で使われることが多くあります。しかし一方で、ユースケースによっては「ステートフル」な使い方、たとえばデータベースなど長期的な状態やデータを管理するアプリケーションを実行する必要もあるでしょう。また、ステートフルなアプリケーションのほかにも、Kubernetesを構成する各マシンにモニタリング用のプロセスを常駐させたり、あるいはバッチジョブのように単発で、場合によっては特定の時間間隔で処理を実行させたりするなどのユースケースも考えられます。

本章で後ほど紹介するように、Kubernetesはこれらさまざまなデプロイ形式をサポートします。さらにKubernetesはコンテナ群の自動復旧やスケーリング、アップデートなどの管理作業も一部肩代わりしており、ユーザーがコンテナ群を管理しやすくなっています（図3-2）。

3-1-3 ▶ 拡張性の高いアーキテクチャとそれを取り巻く開発者コミュニティ

最後に紹介する特徴は、Kubernetesの持つ拡張性の高いアーキテクチャとそれを支えるコミュニティです。Kubernetes自体は優れたコンテナオーケストレーションツールですが、ユースケースによってはKubernetesをカスタマイズしたり、機能を追加したりする必要も出てくるでしょう。その場合に有用な特徴として、Kubernetesは拡張性の高いアーキテクチャを持ちます。Kubernetesはさまざまな拡張方法をサポートしています[注2]が、本節ではそのいくつかを紹介します。

後の節でも述べるように、Kubernetesはその管理情報をHTTP APIで公開しており、ユーザーはそのAPIの操作を通じて前節で述べたような理想状態の宣

注2) さまざまな拡張パターン（**URL** https://kubernetes.io/docs/concepts/extend-kubernetes/#extension-patterns）。

≫ 図3-2 さまざまなデプロイ方法

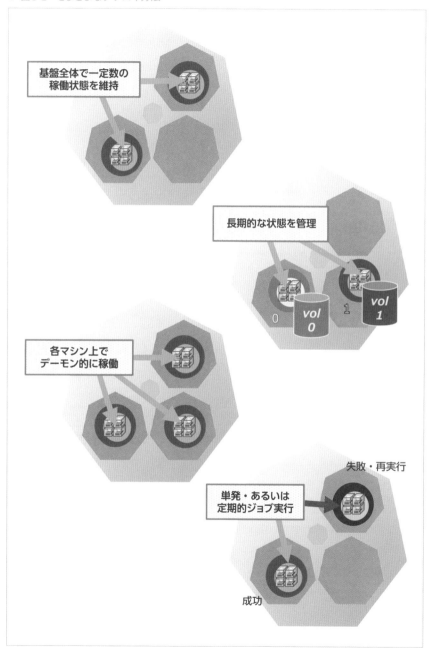

≫ 図3-3　コントローラとKubernetes API

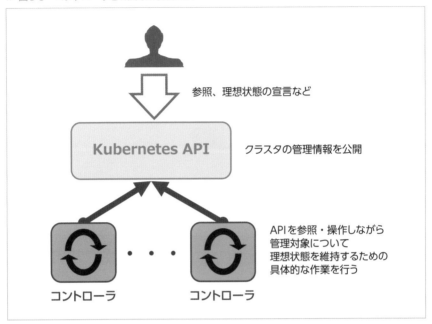

言や、アプリケーションに関する状態の確認などを行います（図3-3）。このAPI
を参照・操作しながら、ユーザーが定義した理想状態を維持するために、コン
テナの実行数維持はじめ具体的な管理作業を行うコンポーネント群は「コントロー
ラ[注3]」と呼ばれます。

　Kubernetesは基本的な機能を提供するためのコントローラをもともと持っ
ていますが、ユースケースに応じてサードパーティや自身で実装したコント
ローラをプラグインすることで、機能拡張や外部プラットフォームとの統合が
できます。たとえば、後述するサービス群へのロードバランシングを実現する
Ingressという機能について、GKEなどクラウドプロバイダは自らのロードバラ
ンサとKubernetesのIngress機能とを統合するためのコントローラを提供しま
す[注4]。また、本書では詳しく扱いませんが、KubernetesにはそのAPI自体を拡張し、
デフォルトのKubernetesにはない新たな管理対象の定義などが可能な「カスタ

注3）　**URL** https://kubernetes.io/docs/concepts/architecture/controller/
注4）　**URL** https://kubernetes.io/docs/concepts/services-networking/ingress-controllers/

ムリソース」という機能もあります。

　さらにKubernetesはクライアントコマンド（3-2節で紹介するkubectl）、ネットワークやストレージ関連のコンポーネント、ノード上でコンテナ作成を担う「コンテナランタイム」などさまざまな箇所がプラガブル、つまり交換可能になっています。このような拡張性を活かし、Kubernetesをとりまくコミュニティではさまざまなコンポーネントやツールが開発されています。

　まずKubernetes自体が、第1章で紹介したCloud Native Computing Foundation（CNCF）の中心的なOSSプロジェクトであり、コミュニティベースで開発が進められています。そのほかにも周辺プロジェクトは多岐に渡り、プラグインだけでなく、Kubernetesをベースにしたサーバレス基盤やエッジコンピューティング基盤、そしてKubernetesの構築自体を自動化するツールなど、さまざまなものがあります。それらプロジェクトの一部は、CNCFによる「Cloud Native Landscape[注5]」というページにも紹介されています。

注5）**URL** https://landscape.cncf.io/

Kubernetes クラスタと kubectl

　この節では、Kubernetesにおけるいくつかの基本的な用語や、Kubernetesの操作に用いられるクライアントツールkubectlについて、実際にKubernetesを操作する例を通じて紹介します。まずはKubernetesの全体像を見ていきます（図3-4）。

　コンテナ群を実行するマシンの集合は「クラスタ」と呼ばれ、各コンテナが実行されるマシンは「ノード」と呼ばれます。Docker同様、コンテナのもとになるイメージはレジストリに格納され、コンテナ作成時にはイメージがノードへpullされ、実行されます。Kubernetesクラスタ全体の管理を担うコンポーネントは「コントロールプレーン」と呼ばれます。コントロールプレーンには、コンテナの実行数維持はじめ基本的な管理を担うコントローラ（kube-controller-manager）や、コンテナのデプロイ時にそのスケジューリング（実行ノードの選択）を行うスケジューラ（kube-scheduler）などのコンポーネントが含まれています。

　先ほども述べたように、Kubernetesのユーザーはクラスタ上で実行するアプリケーションの理想状態を宣言したり、それら状態を確認したりするなどの操作を行うことができます。それを実現するために、クラスタ全体の管理情報を公開し、それら管理情報の照会や変更要求をHTTP APIで受ける「kube-apiserver」と呼ばれるAPIサーバもコントロールプレーンに含まれます。

　ユーザーやKubernetes上で稼動する各コンポーネントは、そのAPIを通じてクラスタを操作します。しかし、人間のユーザーがKubernetesクラスタを管理する場合、生のAPIを直接扱うのは煩雑です。そこでAPI操作をわかりやすくコマンド化したものであるkubectlコマンドを用いることができます。

　たとえば、画面3-1のコマンドはnginxをKubernetesクラスタに3-4節で紹介するDeploymentと呼ばれる形式でデプロイします（図3-5）。

　なお、以降本章で登場するコード例はGoogle Kubernetes Engine（バージョンv1.27.3-gke.100）にて、3ノード構成のKubernetesクラスタで動作を確認してい

≫ 図3-4　クラスタ、コントロールプレーンとノード

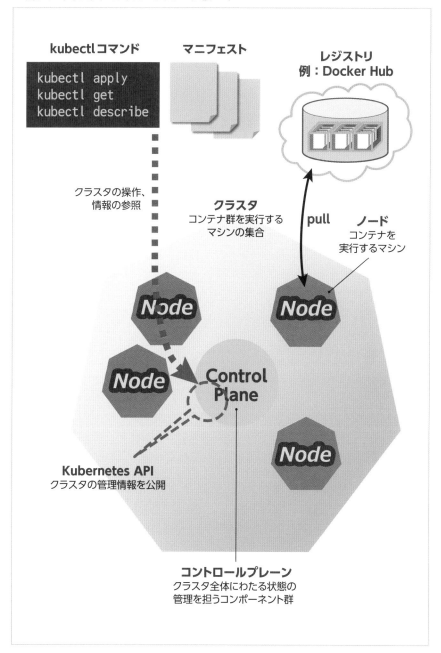

第3章 Kubernetesの概要

≫ 画面3-1 kubectlコマンドの使用例（nginxのデプロイ）

```
$ kubectl create deployment nginx-deployment --image=nginx:1.25
deployment.apps/nginx-deployment created
```

≫ 図3-5 DeploymentとPodの作成

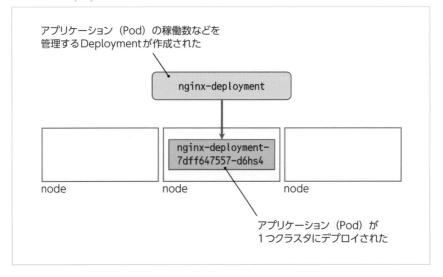

≫ 画面3-2 kubectlコマンドの使用例（アプリケーションがデプロイされている様子を確認）

```
$ kubectl get deployments  Deploymentが作成されている
NAME               READY   UP-TO-DATE   AVAILABLE   AGE
nginx-deployment   1/1     1            1           14s
$ kubectl get pods  コンテナ（Pod）が1つ実行されている
NAME                                READY   STATUS    RESTARTS   AGE
nginx-deployment-7dff647557-d6hs4   1/1     Running   0          23s
```

ます。

　そして画面3-2で示すように、アプリケーションがデプロイされている様子
はkubectl getコマンドで確認できます。この例では、稼動するコンテナ群の
管理を担うDeploymentがnginx-deploymentという名前で作成されており、また、
nginxコンテナ（正確には後述するPodという実行単位）がnginx-deployment-
7dff647557-d6hs4という名前で1つ実行されている状態が示されています。

　また、画面3-3のようにkubectl deleteコマンドを用いて、Deploymentを削

≫ 画面 3-3　kubectl コマンドの使用例（nginx Deployment の削除）

```
$ kubectl delete deployment nginx-deployment
deployment.apps "nginx-deployment" deleted
```

≫ リスト 3-1　nginx をデプロイするマニフェストの例「nginx-deployment.yaml」

```
apiVersion: apps/v1
kind: Deployment
metadata:
  name: nginx-deployment
spec:
  replicas: 1
  selector:
    matchLabels:
      app: nginx
  template:
    metadata:
      labels:
        app: nginx
    spec:
      containers:
      - name: nginx
        image: nginx:1.25    # nginxイメージをコンテナとして実行
        ports:
        - containerPort: 80
```

除できます。

　Deployment や Pod については後の節であらためて紹介しますが、ここでは、kubectl コマンドを用いることで、Kubernetes クラスタ上でコンテナを実行したり、その様子を確認したりするなど、Kubernetes に対する操作ができるという点をおさえてください。

　先ほどの例（画面 3-1）では kubectl コマンドだけでアプリケーションをデプロイしましたが、これと同様の設定をリスト 3-1 に示すような YAML あるいは JSON 形式の設定ファイルとして記述し、これを Kubernetes クラスタに宣言（適用）することもできます。

　作成したマニフェストを Kubernetes クラスタに宣言するには、画面 3-4 に示すように kubectl apply コマンドを -f オプション付きで使用します。その後、実際に kubectl get コマンドを用いてデプロイ状況を確認してみると、先ほどの例と同様に nginx-deployment という Deployment が作成されており、またコンテナ（Pod）が 1 つ、今回は nginx-deployment-79b55879bb-wj464 という名前

≫ 画面3-4　kubectlコマンドの使用例（マニフェストを用いてnginxをデプロイ）

```
$ kubectl apply -f nginx-deployment.yaml  マニフェストを用いて宣言
deployment.apps/nginx-deployment created
$ kubectl get deploy,pods  1つのDeploymentと1つのコンテナ (Pod) が稼動している
NAME                               READY   UP-TO-DATE   AVAILABLE   AGE
deployment.apps/nginx-deployment   1/1     1            1           7s

NAME                                         READY   STATUS    RESTARTS   AGE
pod/nginx-deployment-79b55879bb-wj464        1/1     Running   0          7s
```

で実行されている様子が確認できます。

　以上のように、kubectlやマニフェストを用いてKubernetesを操作できます。Kubernetesはこれらの方法で適用された設定に従い、たとえばノード障害発生時にコンテナが終了してしまったときなどにも、別の健康なノード上での自動復旧を試みるなど、クラスタの状態を維持するためのさまざまな管理を肩代わりしてくれます。

　次節からは、これらの例でも登場したPodやDeploymentを始めとするKubernetesの主要な管理対象を見ていきながら、それら自動的なコンテナ管理をどのようにして利用できるのかを紹介します。

Kubernetesにおける基本的なデプロイ単位「Pod」

ここまで、Kubernetesを「コンテナ群を管理する」オーケストレータとして紹介してきました。確かにKubernetes上では、アプリケーションはDockerでも扱っていたものと同様の「コンテナ」として実行されます。しかし、Kubernetesにおいて最も基本的なデプロイ単位は関連する1つ以上のコンテナ群をまとめた「Pod」と呼ばれるものです。

この節では、この基本的な実行単位であるPodと、クラスタ上で稼動するPod群など管理対象をグルーピングしながら扱うのに有用な「ラベル」という概念を紹介します。

3-3-1 ▶ Podとコンテナ

Podは1つ以上のコンテナをひとまとめに扱うことができるデプロイ単位で

≫ 図3-6　Podの例

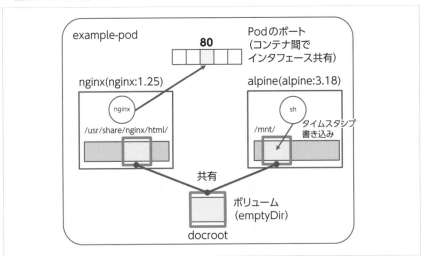

≫ リスト3-2　Podの例「pod-example.yaml」

```
apiVersion: v1
kind: Pod
metadata:
  name: example-pod
spec:
  containers:
    # 共有ボリュームのデータを80番ポートで公開するnginxコンテナ
  - name: nginx
    image: nginx:1.25
    ports:
    - containerPort: 80
      # コンテナ間で共有するボリュームを「/usr/share/nginx/html/」にマウント
    volumeMounts:
    - mountPath: /usr/share/nginx/html/
      name: docroot
    # 共有ボリュームにデータを書き込むコンテナ
  - name: alpine
    image: alpine:3.18
    command: ["sh"]
    args:
    - -euc
    - |
      for i in $(seq 1 10) ; do
        echo '{"date": "'$(date)'"}' >> /mnt/date.json
        sleep 3
      done ; sleep infinity
      # コンテナ間で共有するボリュームを「/mnt」にマウント
    volumeMounts:
    - mountPath: /mnt/
      name: docroot
  # コンテナ間で共有するボリューム（後述するemptyDirを利用）
  volumes:
  - name: docroot
    emptyDir:
      sizeLimit: 500Mi
```

す（図3-6）。

　1つのPodに1つのコンテナだけを含めることもできますし、複数の関連する
コンテナを1つのPodに含めることもできます。

　1つのPodに含まれるコンテナ群は同一のノード上にデプロイされ、ネットワー
クインタフェースやストレージの割り当てなどを共有します。KubernetesはIP
アドレスをPodごとに払い出すため、Pod同士はそれぞれ別のIPアドレスを使っ
て通信できます。また、Pod内のコンテナ同士はlocalhostで通信できます。

　たとえば、リスト3-2に示すPodには図3-6にも示すように2つのコンテナが

≫ 画面 3-5　コンテナ同士で共有される localhost にアクセス

```
$ kubectl apply -f pod-example.yaml
pod/example-pod created
$ kubectl exec -it example-pod -c alpine -- wget -qO - localhost:80/date.json
| head -n 3
{"date": "Tue Oct 24 05:45:20 UTC 2023"}
{"date": "Tue Oct 24 05:45:23 UTC 2023"}
{"date": "Tue Oct 24 05:45:26 UTC 2023"}
```

≫ 画面 3-6　Pod の削除

```
$ kubectl delete -f pod-example.yaml
pod "example-pod" deleted
```

含まれます[注6]。

　1つめは nginx を実行するコンテナで、これが80番ポートで HTTP 接続を受けます。2つめは alpine コンテナ[注7]で、シェルスクリプトを実行し、一定時間ごとにタイムスタンプをファイルに書き込みます。2つのコンテナは「docroot」と名付けたボリューム（Kubernetes が管理するストレージ領域、3-5節で紹介）を共有し、それが各コンテナのディレクトリにマウントされています。それを介して、alpine コンテナが書き込むデータが nginx コンテナに共有され、nginx サーバはそれを80番ポートで公開します。コンテナ同士はネットワークインタフェースも共有するため、画面3-5のように、alpine コンテナから wget コマンドで、nginx が listen する80番ポートに localhost でアクセスできます。なお kubectl exec はコンテナ内で新たにコマンドを実行できるコマンドです。

　作成した Pod は、kubectl delete コマンドで削除できます（画面3-6）。

　このような特徴から、Pod は論理的なホスト環境で、コンテナ群はその中で動作する関連の深いアプリケーション同士とみなされることがよくあります。1つのコンテナには単一のアプリケーションだけを含めることが一般的ですが、Pod を用いることでそれを保ちながらも、関係の深い複数のアプリケーションをまとめて扱えます。

注6)　ここで記述している設定は項目の一部であり、ほかにもコンテナの環境変数や、Pod の状態を Kubernetes に共有する probe など、さまざまな設定ができます（**URL** https://kubernetes.io/docs/concepts/workloads/pods/）。

注7)　**URL** https://hub.docker.com/_/alpine

≫ 図3-7　ラベルとセレクタ（Deployment の例）

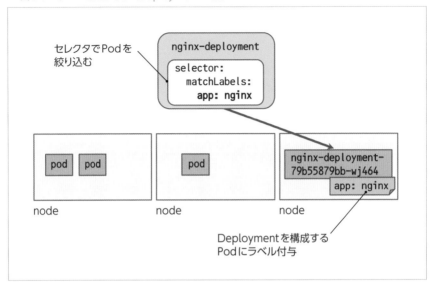

　1つのPodにどのようにコンテナを同居させるかという、いわゆる「デザイン
パターン」にはさまざまなものがあります。たとえば、Kubernetes Blog[注8] で紹
介されている「サイドカーコンテナ」と呼ばれるパターンでは、メインとなるコ
ンテナの機能を拡張するようなコンテナを同一のPodに同居させます。サイド
カーとして起動するコンテナには、たとえばメインのWebサーバコンテナのファ
イルシステムをgitリポジトリと同期するものや、メインのアプリケーションコ
ンテナのログを収集するものなどが挙げられます。

　同ブログではこれ以外にも、メインのコンテナに対してプロキシ機能を提供
するような「アンバサダーパターン」や、さまざまなコンテナの差異を吸収し、
Podの外に統一的なデータ、たとえばモニタリングデータなどを公開する「アダ
プタパターン」などさまざまなパターンが紹介されています。

3-3-2 ▶ ラベルとアノテーション

　大規模なサービスになればPodや後に紹介する管理対象の数も膨大になり、

注8)　**URL** https://kubernetes.io/blog/2015/06/the-distributed-system-toolkit-patterns/

≫ リスト3-3　マニフェスト中のラベルとセレクタ指定の例 (リスト3-1から抜粋)

```
…… (省略) ……
spec:
  replicas: 1
  selector:
    matchLabels:
      app: nginx   ［ラベルでPodを絞り込み］
  template:
    metadata:
      labels:
        app: nginx   ［各Podにラベル付与］
…… (省略) ……
```

それらをひとつひとつ個別に管理することは困難になります。Kubernetes には
それらを適宜グルーピングしたり、追加情報を適宜付与したりする機能が備わっ
ています。それが「ラベル」と「アノテーション」と呼ばれるキーバリューペアです。
これは Pod に限らず、後の節でも紹介していくものを含むさまざまなものに付
与できます。

　ラベルが付与された管理対象に対しては、「セレクタ」を使うことで絞り込み
ができます。たとえば冒頭の例では、リスト 3-3 に示すように、各 Pod に「app:
nginx」というラベルを付与し、そのラベルを持つ Pod をセレクタにより指定す
ることで、その Pod からなる1つの Deployment を作成していました (図 3-7)。

　アノテーションはラベル同様、管理対象に付与できるキーバリューペアですが、
これに対してセレクタを指定することはできません。主に Kubernetes を構成す
るコンポーネントや周辺ツール群向けに追加情報を付与するのに利用できます。

アプリケーションのデプロイ

　3-1節でも述べたように、Kubernetesはさまざまなアプリケーションのデプロイ形式をサポートしています。さらに、自動復旧やスケーリング、コンテナ群のアップデートなど、デプロイに関する作業の一部はKubernetesによって自動化されています。本節では、Pod群をクラスタにデプロイするためにKubernetesがサポートする機能のうち、基本的な5つの機能を紹介します。

3-4-1 ▶ Deployment

　冒頭の例でも登場したDeploymentは、Pod群を一定数で維持しながらクラスタ上に展開するのに有用です。この節では、Deploymentが提供するPodのスケーリング、自動復旧やアップデートなどに関する機能を紹介します。なお、Deploymentに限らず、後述する他のデプロイ形式も一部同様の機能を持ちます。

　Deploymentでは、Pod群のスケーリングができます。たとえば、冒頭の例で用いたマニフェストに対し、リスト3-4に示すようにPod数の指定に変更を加えてみます。それを画面3-7に示すようにkubectl applyコマンドを用いて再度Kubernetesクラスタに宣言します。するとKubernetesはそれに応じて新たなPodをノードへスケジューリングし、実行します。ここで同じく画面3-7に示すようにkubectl getコマンドを確認してみると、稼動しているPodの数が3つに増えていることがわかります（図3-8）。

　Deploymentの持つ機能の1つにセルフヒーリングがあります。これは、ノード障害の発生やPodの動作不良などによりクラスタ全体で設定された数のPodが稼動していない場合に、自動的に新たなPodを実行し復旧を試みる機能です。

　たとえばクラスタ上でノードが故障した際、その故障ノード上で動作していたPodもダウンしてしまいます。すると、クラスタ全体としては稼動Pod数が設定された数よりも少なくなります。そこで、稼動しているPod数があらかじ

≫ リスト3-4　DeploymentでPodをスケールアウトさせる例「nginx-deployment-3.yaml」

```
apiVersion: apps/v1
kind: Deployment
metadata:
  name: nginx-deployment
spec:
  replicas: 3  # 稼動させるPodの数を1→3に変更
  selector:
    matchLabels:
      app: nginx
  template:
    metadata:
      labels:
        app: nginx
    spec:
      containers:
      - name: nginx
        image: nginx:1.25
        ports:
        - containerPort: 80
```

≫ 画面3-7　DeploymentでPodをスケールアウトさせる例

```
$ kubectl apply -f nginx-deployment-3.yaml  Pod数を書き変えたマニフェストを宣言
deployment.apps/nginx-deployment configured
$ kubectl get deploy,pods  稼動しているPodの数が3つに増えている
NAME                                 READY   UP-TO-DATE   AVAILABLE   AGE
deployment.apps/nginx-deployment     3/3     3            3           81s

NAME                                      READY   STATUS    RESTARTS   AGE
pod/nginx-deployment-79b55879bb-g5q9f     1/1     Running   0          17s
pod/nginx-deployment-79b55879bb-wj464     1/1     Running   0          82s
pod/nginx-deployment-79b55879bb-xtbt4     1/1     Running   0          17s
```

≫ 画面3-8　Podの削除

```
$ kubectl delete pod nginx-deployment-79b55879bb-wj464
pod "nginx-deployment-79b55879bb-wj464" deleted
```

め設定された理想的な数に維持されるよう、Deploymentは新たにPodを作成することで、クラスタ上で一定数のPodが常に稼動している状態を保とうとします。

　実際に、セルフヒーリングの例を示します（図3-9）。先ほどデプロイしたDeploymentは、nginx Podをクラスタ上で3つ実行されている状態を維持します。ここで、Podの動作不良を模倣するため、kubectl delete podコマンドにより、手動でPodの1つを削除します（画面3-8）。

≫ 図3-8　Deploymentのスケールアウト

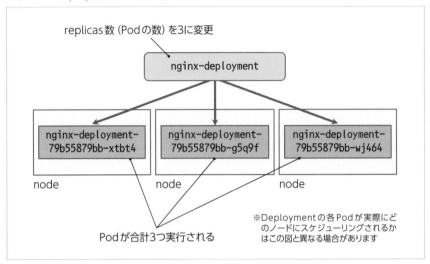

≫ 図3-9　セルフヒーリングの例

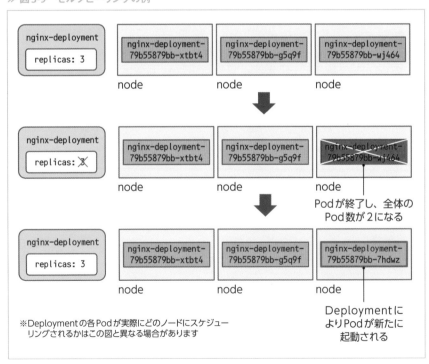

≫ 画面3-9　Deploymentに含まれるPodが再作成された様子

```
$ kubectl get deploy,pods  稼動しているPodの数が3つに維持されている
NAME                                      READY   UP-TO-DATE   AVAILABLE   AGE
deployment.apps/nginx-deployment          3/3     3            3           2m51s

NAME                                      READY   STATUS    RESTARTS   AGE
pod/nginx-deployment-79b55879bb-7hdwz     1/1     Running   0          17s
pod/nginx-deployment-79b55879bb-g5q9f     1/1     Running   0          106s
pod/nginx-deployment-79b55879bb-xtbt4     1/1     Running   0          106s
```

　すると、クラスタ全体で一時的にPodの総数が3つよりも少なくなります。ここで、マニフェストではPodを3つ稼動させるように設定をしていたため、Deploymentは新たにnginx Podを自動的に起動することで、クラスタを理想状態に維持します。

　画面3-9のように、ふたたびkubectl getを実行してPod一覧を取得すると、Pod「nginx-deployment-79b55879bb-wj464」は削除されており、代わりに新たにPod「nginx-deployment-79b55879bb-7hdwz 」が実行されており、全体として実行数3が維持されていることがわかります。

　さらに、Deplyomentはアップデートや、ロールバック、つまりクラスタを過去の状態へと戻す際にも、便利な機能を提供します。最も単純なアップデートやロールバックは、現在稼動しているバージョンのPodをすべて削除し、新たなバージョンのPodを一括して再デプロイする方式でしょう。

　Kubernetesはこの方式もサポートしていますが、クラスタで一定数のPodが常に稼動している状態を保ちながら、Pod群を一部ずつ徐々にアップデートおよびロールバックする「ローリングアップデート」と呼ばれる方式もサポートしています。これにより、サービス断なしにDeploymentをアップデートすることができます。

　ここで、DeploymentがPodをローリングアップデートする例を示します（図3-10）。

　ここまでで利用してきたリスト3-4のマニフェストでは、nginx:1.25イメージを使いnginx Podを作成していました。ここで、これらnginx PodのイメージをAlpine Linuxベースのnginx:1.25-alpineに変更します（リスト3-5）。Podを更新するには、イメージ名を変更したマニフェストを新たにkubectl applyで

≫ 図3-10 ローリングアップデートの例

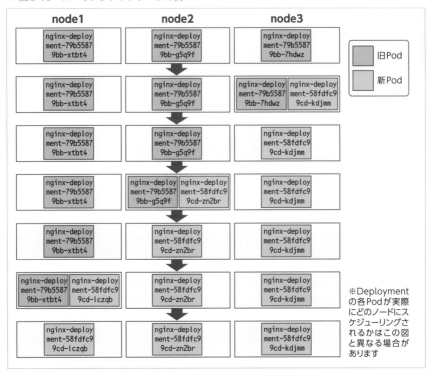

≫ リスト3-5 DeploymentでPodを更新する例「nginx-deployment-alpine.yaml」

```yaml
apiVersion: apps/v1
kind: Deployment
metadata:
  name: nginx-deployment
spec:
  replicas: 3
  selector:
    matchLabels:
      app: nginx
  template:
    metadata:
      labels:
        app: nginx
    spec:
      containers:
      - name: nginx
        image: nginx:1.25-alpine   # イメージを「nginx:1.25」→「nginx:1.25-alpine」に変更
        ports:
        - containerPort: 80
```

≫ 画面3-10　Deploymentのイメージの変更

```
$ kubectl apply -f nginx-deployment-alpine.yaml
deployment.apps/nginx-deployment configured
```

≫ 画面3-11　DeploymentでPodがローリングアップデートされる様子

```
$ kubectl get deployments nginx-deployment -w
NAME                 READY   UP-TO-DATE   AVAILABLE   AGE
nginx-deployment     3/3     1            3           3m57s
nginx-deployment     4/3     1            4           3m57s   新たなPod1つめが起動完了
nginx-deployment     3/3     1            3           3m57s   古いPodを1つ削除
nginx-deployment     3/3     2            3           3m58s
nginx-deployment     4/3     2            4           3m59s   新たなPod2つめが起動完了
nginx-deployment     3/3     2            3           3m59s   古いPodを1つ削除
nginx-deployment     3/3     3            3           3m59s
nginx-deployment     4/3     3            4           4m      新たなPod3つめが起動完了
nginx-deployment     3/3     3            3           4m      古いPodを1つ削除
```

≫ 画面3-12　Deploymentのイメージが変更されたことを確認

```
$ kubectl get pods -l=app=nginx -o custom-columns=NAME:.metadata.name,IMAGE:
.spec.containers[0].image,STATUS:.status.phase
NAME                                  IMAGE               STATUS
nginx-deployment-58fdfc99cd-kdjmm     nginx:1.25-alpine   Running
nginx-deployment-58fdfc99cd-lczqb     nginx:1.25-alpine   Running
nginx-deployment-58fdfc99cd-zn2br     nginx:1.25-alpine   Running
```

宣言します（画面3-10）。

　するとKubernetesはpodの具体的な更新作業を行います。ローリングアップ
デートが有効になっているため、Podが一部ずつ徐々に入れかわるように、新
たなPodの作成や古いPodの削除が行われます。画面3-10の実行直後に、画面
3-11のようにkubectl get deploymentsコマンドに-wオプションを付けて実
行すると、DeploymentにおけるPod数などの変化が観測できます[注9]。AVAILABLE
は利用可能なPod数を表しており、更新中も常に一定数のPodが利用可能であ
ることがわかります。

　最終的にkubectl get podsでPodの一覧を取得すると、イメージがすべて
新たなnginx:1.25-alpineに置き換わっていることがわかります（画面3-12）。

　作成したDeploymentはkubectl deleteで削除できます（画面3-13）。

注9）　その時点からのPod数などの変化が随時表示されます。

99

≫ 画面3-13　Deploymentの削除

```
$ kubectl delete -f nginx-deployment-alpine.yaml
deployment.apps "nginx-deployment" deleted
```

3-4-2 ◉ StatefulSet

　Podやコンテナは、長期的な状態を持たないステートレス、またはエフェメラルな（揮発性の）実行単位と言われます。Podには永続データは保持されず、Podが終了すると、そのファイルシステムに書き込まれていた内容も削除されます。しかし永続的なデータなしにサービスを実現するのは難しく、データベースなど長期的な状態を持つアプリケーションのコンテナ化が必要な場合もあるでしょう。Kubernetesはこのようなユースケース向けに「ステートフル」なコンテナの実行もサポートしています。

　StatefulSetは、ステートフルなPod管理に有用な機能です。Deploymentでは管理されるPod群は画一的に扱われる一方で、StatefulSetでは管理対象のPod群に含まれる各Podを区別して扱います。まず、各Podにはそれぞれ一意のインデックス（番号）が付与され、それぞれ固有のホスト名を与えられます。後述するHeadless Service機能[注10]と組み合わせることで、Kubernetesのクラスタ内DNSから以下の名前が各Podに対して得られるようになり、それを使って各Podを独立に扱ったり、協調動作させたりすることができます[注11]。

```
$(statefulset名)-$(インデックス).$(サービス名).$(namespace).svc.cluster.local
```

　スケーリングなどによる各Podの作成や削除はそのインデックス順に行われます。たとえば、インデックス0番のPodとして、他インデックスのPodから依存されるアプリケーション（データベースのマスターなど）を稼動させる場合、必ずそれが最初に起動し、最後に削除されるよう管理できます。StatefulSetはローリングアップデートもサポートしており、この場合はインデックスの大きいも

注10) **URL** https://kubernetes.io/docs/concepts/services-networking/service/#headless-services
注11) Kubernetesの「namepsace」はクラスタ上で管理対象（Deployment、Serviceなど）の名前を隔離するのに使用される機能で、異なるnamespace間では同じ名前を異なる用途に使えます。本書では常に、Kubernetesによって自動的に作成される「default」namespaceで作業を行います（**URL** https://kubernetes.io/docs/concepts/overview/working-with-objects/namespaces/）。

≫ 図3-11　StatefulSetとvolumeClaimTemplate

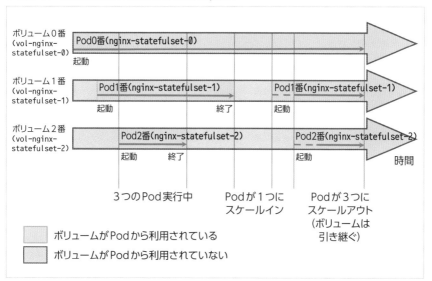

のから順に更新されます[注12]。

　また、各Podにはそれぞれ固有のボリューム（永続的なデータ格納領域）を割り当てることができます。たとえば図3-11において、インデックス1のPod（nginx-statefulset-1）にはそれに対応するボリューム（vol-nginx-statefulset-1）が割り当てられています。そのPodを終了し、同じインデックスでふたたび起動する場合は、前回の実行時に割り当てられていたボリュームを同じデータを格納した状態でふたたび利用できます。これによりそのPodは、その終了前と再実行後で一貫したインデックスやデータを持つことになり、それを引き継ぐようにして動作を長期的に継続できます。

　具体的に、StatefulSetを用いた場合のPodのライフサイクルの例を見ていきます（図3-11）。リスト3-6のマニフェストは、StatefulSetを使ってnginx Podをクラスタ上で3つデプロイします。画面3-14のようにStatefulSetを作成すると、Podがインデックス0番から順に、1つずつ起動されていきます。なお、kind: Serviceで示される箇所はHeadless Serviceを定義し、これによりStatefulSetの各PodへIPアドレスではなくPod名を使って通信できるようにしています。

注12)　**URL** https://kubernetes.io/docs/concepts/workloads/controllers/statefulset/#rolling-updates

≫ リスト3-6　StatefulSetの例「nginx-statefulset.yaml」

```yaml
# StatefulSetの定義
apiVersion: apps/v1
kind: StatefulSet
metadata:
  name: nginx-statefulset
spec:
  selector:
    matchLabels:
      app: nginx
  serviceName: "nginx"
  replicas: 3    # Podを3つ実行
  template:
    metadata:
      labels:
        app: nginx
    spec:
      containers:
      # nginxイメージを実行するコンテナ
      - name: nginx
        image: nginx:1.25
        ports:
        - containerPort: 80
        volumeMounts:
        - name: vol    # コンテナ間で共有するボリュームをマウント
          mountPath: /usr/share/nginx/html
      # タイムスタンプを書き込むコンテナ
      - name: recorder
        image: alpine:3.18
        command: ["sh"]
        args:
        - -euc
        - |
          for i in $(seq 1 10) ; do
            echo '{"host": "'$(hostname)'", "time": "'$(date)'"}' >> /mnt/
state.json
            sleep 3
          done ; sleep infinity
        volumeMounts:
        - name: vol    # コンテナ間で共有するボリュームをマウント
          mountPath: /mnt/
  # コンテナ間で共有するボリュームの定義（ボリュームの要求）
  volumeClaimTemplates:
  - metadata:
      name: vol
    spec:
      accessModes: [ "ReadWriteOnce" ]
      resources:
        requests:
          storage: 1Gi
---
```

```
# Headless Serviceの定義
apiVersion: v1
kind: Service
metadata:
  name: nginx
  labels:
    app: nginx
spec:
  ports:
  - port: 80
  clusterIP: None
  selector:
    app: nginx
```

≫ 画面3-14　StatefulSetの作成

```
$ kubectl apply -f nginx-statefulset.yaml
statefulset.apps/nginx-statefulset created
service/nginx created
```

≫ 図3-12　StatefulSetマニフェストで起動したPod

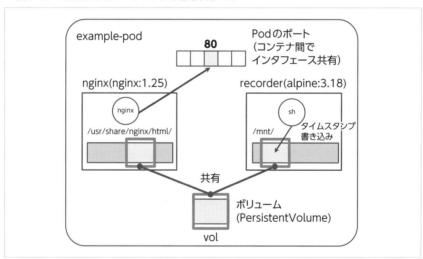

Headless Serviceについては後の節であらためて紹介します。

　今回デプロイしたPodには、nginxに加え「recorder」と名付けたコンテナが
もう1つ実行されています（図3-12）。このコンテナは、タイムスタンプを、起
動直後から一定時間ごとに出力します。これらコンテナは「vol」と名付けたボ

≫ 画面3-15　StatefulSetに含まれる各Podに記録されるタイムスタンプの確認

```
$ kubectl run --rm -it svc-client --image=alpine:3.18 --restart=Never -- /bin/sh -euc ¥
'for I in $(seq 0 2) ; do echo Pod: ${I} ; wget -q0 - http://nginx-statefulset-${I}.
nginx.default.svc.cluster.local/state.json | head -n 3 ; echo "" ; done'
Pod: 0  インデックス0のPodがボリュームへ記録しているタイムスタンプ
{"host": "nginx-statefulset-0", "time": "Tue Oct 24 05:53:30 UTC 2023"}
{"host": "nginx-statefulset-0", "time": "Tue Oct 24 05:53:33 UTC 2023"}
{"host": "nginx-statefulset-0", "time": "Tue Oct 24 05:53:36 UTC 2023"}

Pod: 1  インデックス1のPodがボリュームへ記録しているタイムスタンプ
{"host": "nginx-statefulset-1", "time": "Tue Oct 24 05:53:48 UTC 2023"}
{"host": "nginx-statefulset-1", "time": "Tue Oct 24 05:53:51 UTC 2023"}
{"host": "nginx-statefulset-1", "time": "Tue Oct 24 05:53:54 UTC 2023"}

Pod: 2  インデックス2のPodがボリュームへ記録しているタイムスタンプ
{"host": "nginx-statefulset-2", "time": "Tue Oct 24 05:54:04 UTC 2023"}
{"host": "nginx-statefulset-2", "time": "Tue Oct 24 05:54:07 UTC 2023"}
{"host": "nginx-statefulset-2", "time": "Tue Oct 24 05:54:10 UTC 2023"}

pod "svc-client" deleted
```

≫ 画面3-16　StatefulSetを1つにスケールイン

```
$ kubectl scale statefulsets nginx-statefulset --replicas=1
statefulset.apps/nginx-statefulset scaled
$ kubectl get pods -l=app=nginx
NAME                  READY   STATUS    RESTARTS   AGE
nginx-statefulset-0   2/2     Running   0          2m28s
```

≫ 画面3-17　StatefulSetを3つにスケールアウト

```
$ kubectl scale statefulsets nginx-statefulset --replicas=3
statefulset.apps/nginx-statefulset scaled
```

リュームを共有します。recorderは、タイムスタンプをそのボリュームへ書き込んでいます。そのデータがボリュームを介してnginxコンテナに共有され、nginxサーバはそれを80番ポートで公開します。具体的なボリューム定義部分（volumeClaimTemplates）については、3-5-2節で説明します。

　実際に、StatefulSetのPod群が起動した後に、kubectl runでクラスタ上において一時的なコンテナを起動し、StatefulSetの各nginxコンテナにアクセスしてみるとrecorderコンテナから書き込まれたタイムスタンプが得られます（画面3-15）。

　ここで、実際にPodをいくつか再起動させ、その前後で状態が保持されるこ

≫ 画面3-18　StatefulSetに含まれる各Podに記録されるタイムスタンプの再確認

```
$ kubectl run --rm -it svc-client --image=alpine:3.18 --restart=Never -- /bin/sh -euc ¥
  'for I in $(seq 0 2) ; do echo Pod: ${I} ; wget -qO - http://nginx-stateful
set-${I}.nginx.default.svc.cluster.local/state.json | head -n 3 ; echo "" ; done'
Pod: 0  インデックス0のPodがボリュームへ記録しているタイムスタンプが再起動後も保持されている
{"host": "nginx-statefulset-0", "time": "Tue Oct 24 05:53:30 UTC 2023"}
{"host": "nginx-statefulset-0", "time": "Tue Oct 24 05:53:33 UTC 2023"}
{"host": "nginx-statefulset-0", "time": "Tue Oct 24 05:53:36 UTC 2023"}

Pod: 1  インデックス1のPodがボリュームへ記録しているタイムスタンプが再起動後も保持されている
{"host": "nginx-statefulset-1", "time": "Tue Oct 24 05:53:48 UTC 2023"}
{"host": "nginx-statefulset-1", "time": "Tue Oct 24 05:53:51 UTC 2023"}
{"host": "nginx-statefulset-1", "time": "Tue Oct 24 05:53:54 UTC 2023"}

Pod: 2  インデックス2のPodがボリュームへ記録しているタイムスタンプが再起動後も保持されている
{"host": "nginx-statefulset-2", "time": "Tue Oct 24 05:54:04 UTC 2023"}
{"host": "nginx-statefulset-2", "time": "Tue Oct 24 05:54:07 UTC 2023"}
{"host": "nginx-statefulset-2", "time": "Tue Oct 24 05:54:10 UTC 2023"}

pod "svc-client" deleted
```

とを確認します。まずは画面3-16のようにkubectl scaleコマンドによりStatefu
Setを1つ（--replicas=1）にスケールインします。するとPodはindexの大き
いものから順番に削除されていき、最終的にindexが0のものが残ります。

そして、Podの数をふたたび3つにスケールアウトします（画面3-17）。つま
り、2つのPod（インデックス1番と2番）が順番に再作成されます。このとき、
Deploymentの場合とは異なり、各インデックスのPodそれぞれに、上記での終
了前まで使用していたボリュームがふたたびKubernetesによって割り当てられ
ます。これにより、各Podは再起動後も以前の状態を引き継ぐことができ、再
起動により自身の状態が失われません。

実際に、画面3-18のように各Podの状態を見てみると、再起動前（画面3-15）
のタイムスタンプと同じものが得られ、再起動前の状態が保持されていること
がわかります。

最後に、例で使用したStatefulSetとボリューム（3-5-2節で後述するボリュー
ム要求）を削除します（画面3-19）。

以上のようにStatefulSetを用いることで、Podにその生存期間を超えたデー
タや状態を管理させることができます。

≫ 画面3-19 StatefulSetとボリュームの削除

```
$ kubectl delete -f nginx-statefulset.yaml
statefulset.apps "nginx-statefulset" deleted
service "nginx" deleted
$ kubectl delete pvc -l app=nginx
persistentvolumeclaim "vol-nginx-statefulset-0" deleted
persistentvolumeclaim "vol-nginx-statefulset-1" deleted
persistentvolumeclaim "vol-nginx-statefulset-2" deleted
```

≫ 図3-13 DaemonSet

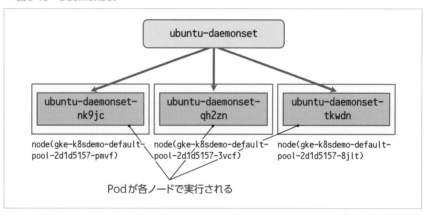

3-4-3 ▶ DaemonSet

Deploymentの場合、Pod群は基本的にはノードにしばられずに「クラスタで X台稼動している」というように管理されていました。しかしノード上でのログ 収集やモニタリングなど、アプリケーションによってはノードと密接に関係し、 各ノード上でいわゆるデーモンプロセスのように1台ずつ常駐させるのが適す る場合もあるでしょう。このようなデプロイはDaemonSetを使うことで実現で きます（図3-13）。

これは、各ノード上にPodが1つずつ実行されている状態を維持する機能です。 クラスタにノードが追加されたり、DaemonSetのPodが稼動しているべきノー ドでそのPodが稼働していない場合に、適宜Podが作成されます。Deployment 同様、ローリングアップデートもできます。

リスト3-7に示すDaemonSetマニフェストは、ubuntu Podをクラスタ上の各

≫ リスト3-7 DaemonSetの例「ubuntu-daemonset.yaml」

```
apiVersion: apps/v1
kind: DaemonSet  # DaemonSetとしてPodを各ノード上で稼動
metadata:
  name: ubuntu-daemonset
spec:
  selector:
    matchLabels:
      app: ubuntu
  template:
    metadata:
      labels:
        app: ubuntu
    spec:
      containers:
      - name: ubuntu
        image: ubuntu:22.04
        command: ["sh"]
        args:
        - -euc
        - "sleep infinity"
```

≫ 画面3-20 DaemonSetのデプロイ例

```
$ kubectl apply -f ubuntu-daemonset.yaml
daemonset.apps/ubuntu-daemonset created
$ kubectl get pods -l=app=ubuntu -o custom-columns=NAME:.metadata.name,NODE:.spec.node
Name,IMAGE:.spec.containers[0].image,STATUS:.status.phase
NAME                   NODE                                    IMAGE          STATUS
ubuntu-daemonset-nk9jc gke-k8sdemo-default-pool-2d1d5157-pmvf  ubuntu:22.04   Running
ubuntu-daemonset-qh2zn gke-k8sdemo-default-pool-2d1d5157-3vcf  ubuntu:22.04   Running
ubuntu-daemonset-tkwdn gke-k8sdemo-default-pool-2d1d5157-8jlt  ubuntu:22.04   Running
$ kubectl delete -f ubuntu-daemonset.yaml
daemonset.apps "ubuntu-daemonset" deleted
```

ノードにデプロイします。実際にこのDaemonSetをデプロイし、Podの一覧を
取得すると、各node上に1つずつPodが実行されていることが確認できます(画
面3-20)。

3-4-4 ▶ JobとCronJob

最後に紹介するデプロイ関連の機能として、Podをジョブ的に、単発に実行
するユースケースに有用なJobを挙げます(図3-14)。

Jobとして、最低限成功する必要のあるPod数、タイムアウトする時間、失敗時

≫ 図3-14　Job

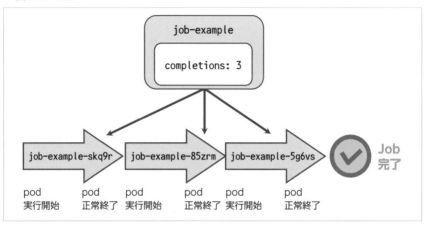

≫ リスト3-8　Jobの例「ubuntu-job.yaml」

```
apiVersion: batch/v1
kind: Job
metadata:
  name: job-example
spec:
  completions: 3 # 3つPodが正常に終了したらJob成功
  template:
    spec:
      restartPolicy: Never
      containers:
      # Pod名を出力して終了するコンテナ
      - name: test
        image: ubuntu:22.04
        command: ["sh"]
        args:
        - -euc
        - "echo done $(hostname)"
```

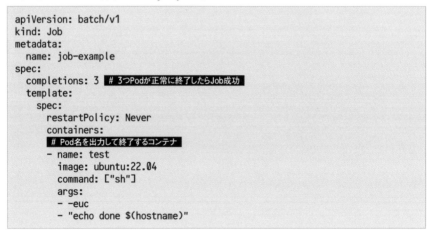

の再実行ポリシー、許容される失敗回数などが設定可能で、Kubernetesはそれに
従ってPodをデプロイして実行し、Podの終了ステータスからその成否を判定し
て再実行などの処理を行います。さらにこのJobを制御し、Cronフォーマットで
実行開始時間や定期実行などの設定が可能なCronJobという機能も利用できます。
　リスト3-8は、Jobを定義するマニフェスト例です。この例ではJobとして実
行するPodはdoneを出力し、正常終了します。.spec.completionsに3を設定
することで、合わせて3つのPodが正常に終了したら、Jobが成功とみなされます。

≫ 画面3-21　Jobの実行

```
$ kubectl apply -f ubuntu-job.yaml && ¥
  kubectl get jobs job-example -w -o custom-columns=NAME:.metadata.name,
SUCCEEDED:.status.succeeded,FAILED:.status.failed
job.batch/job-example created
NAME          SUCCEEDED     FAILED
job-example   <none>        <none>
job-example   <none>        <none>
job-example   1             <none>   Jobが1つ成功
job-example   1             <none>
job-example   2             <none>   Jobが2つ成功
job-example   2             <none>
job-example   3             <none>   Jobが3つ成功
```

≫ 画面3-22　Jobに含まれる各Podが完了したことを確認

```
$ kubectl get pods -l batch.kubernetes.io/job-name=job-example
NAME                READY   STATUS      RESTARTS   AGE
job-example-5g6vs   0/1     Completed   0          40s
job-example-85zrm   0/1     Completed   0          43s
job-example-skq9r   0/1     Completed   0          47s
```

≫ 画面3-23　Jobに含まれる各Podからのログを確認

```
$ kubectl logs -l batch.kubernetes.io/job-name=job-example
done job-example-5g6vs
done job-example-85zrm
done job-example-skq9r
```

≫ 画面3-24　Jobの削除

```
$ kubectl delete -f ubuntu-job.yaml
job.batch "job-example" deleted
```

　このJobを、画面3-21に示すように動かしてみます。Pod数の変化を見やすくするため、kubectl get jobsコマンドに-wオプションを付けることで、状態の変化を出力させ続けます。すると、Jobは成功し、合わせて3つのPodが正常に終了していることがわかります（画面3-22）。

　Pod群が終了したあとも、Jobは削除されずに残ります。これによりJob内の各Podのログを取得できます。画面3-23のようにkubectl logsコマンドによって3つのPodからのログが得られます。

　kubectl deleteでJobを削除します（画面3-24）。

設定項目とボリューム

3-5-1 ▶ ConfigMapとSecretによるアプリケーション設定の管理

　Kubernetesは、Podとして実行されるアプリケーションとその実行時に必要となる設定項目などを独立に管理できるようにする機能として、「ConfigMap」と「Secret」を持ちます（図3-15）。ConfigMapもSecretも、情報をキーバリューペアの形式で定義したものです。コンテナからこの情報を利用するには次のような方法があります。

・コンテナ内の環境変数として見せる
・コンテナ内のファイルシステムに読み取り専用でマウントし、ファイルとして見せる

≫ 図3-15　ConfigMapとSecretの設定例

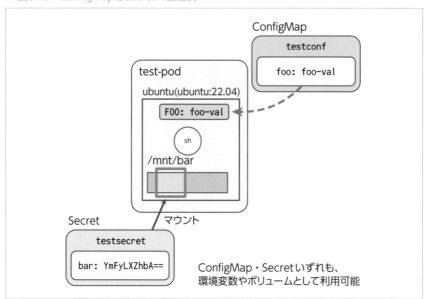

≫ 画面3-25　ConfigMapとSecretの作成とそれらを利用するPodの作成

```
$ kubectl apply -f ubuntu-configmap-secret.yaml
configmap/testconf created
secret/testsecret created
pod/test-pod created
```

≫ 画面3-26　ConfigMapとSecretが与えられたPodからの出力確認

```
$ kubectl logs test-pod | head -n 1
Value of foo is foo-val , bar is bar-val
```

≫ 画面3-27　PodとConfigMapとSecretの削除

```
$ kubectl delete -f ubuntu-configmap-secret.yaml
configmap "testconf" deleted
secret "testsecret" deleted
pod "test-pod" deleted
```

　ConfigMapはコンテナ内のアプリケーションが実行時に参照する、設定ファイルや設定用環境変数などを保持しておくのに有用です。Secretは、認証情報など、機密データを、コンテナイメージに含めることなく、独立に管理するのに使われます。

　リスト3-9は、ConfigMapとSecretを参照するPodのマニフェスト例です（図3-15）。ConfigMapとして、fooを作成し、Podへはfooを環境変数として見せています。また、Secretsとしてbarを作成し、それをPodの/mnt/barにマウントしています注13。

　画面3-25のように、このPod、ConfigMapとSecretをデプロイします。

　実際に、Podの出力を見てみると、ConfigMap fooの値が環境変数FOOとして与えられ、Secret barの値もファイルを通じて与えられていることがわかります（画面3-26）。

　最後にkubectl deleteでPodやConfigMap、Secretを削除します（画面3-27）。

注13）マニフェストにおいて、secretの値をdataフィールドに記載する場合、その値はbase64エンコードされている必要があります（**URL** https://kubernetes.io/docs/concepts/configuration/secret/#restriction-names-data）。

≫ リスト3-9　ConfigMap・Secretとそれを利用するPod「ubuntu-configmap-secret.yaml」

```yaml
# ConfigMapの定義
apiVersion: v1
kind: ConfigMap
metadata:
  name: testconf
data:
  foo: foo-val
---
# Secretの定義
apiVersion: v1
kind: Secret
metadata:
  name: testsecret
data:
  bar: YmFyLXZhbA==  # base64エンコードされた文字列「bar-val」
---
# ConfigMapとSecretを使うPodの定義
apiVersion: v1
kind: Pod
metadata:
  name: test-pod
spec:
  containers:
  - name: ubuntu
    image: ubuntu:22.04
    command: ["sh"]
    args:
    - -euc
    - |
      for i in $(seq 1 10) ; do
        echo "Value of foo is $FOO , bar is $(cat /mnt/bar/bar)"
        sleep 3
      done ; sleep infinity
    # 「testconf」ConfigMapから「foo」を環境変数「FOO」としてコンテナに見せる
    env:
    - name: FOO
      valueFrom:
        configMapKeyRef:
          name: testconf
          key: foo
    # 「testsecret」Secretを「/mnt/bar」にマウント
    volumeMounts:
    - name: testsecret
      readOnly: true
      mountPath: /mnt/bar
  volumes:
  - name: testsecret  # 「testsecret」Secretをコンテナにマウントするボリュームとして扱う
    secret:
      secretName: testsecret
```

3-5-2 Volumeによるストレージ管理

　コンテナはエフェメラルな実行単位であり、コンテナ内のファイルに書き込まれた内容はコンテナの終了とともに破棄されます。そこでKubernetesは、より長いライフタイムを持つことが可能な追加のデータ格納領域として、「Volume」（ボリューム）機能をサポートしています。

　Kubernetes上にはさまざまな種類のVolumeがあり、それらを利用して、メモリ、ノードのディレクトリ、ストレージサービスなど、さまざまなストレージを管理できます。

　Volumeには、Kubernetesが直接管理するものや、外部プラグインによって管理されるものもあります。特に外部プラグイン仕様はContainer Storage Interface（CSI）としてKubernetesコミュニティで標準化され、その実装はCSIドライバと呼ばれます。たとえばGKEからも、クラスタ上で永続ディスクを利用するためにCSIドライバが提供されています[注14]。

　Kubernetesで管理可能なVolumeの種類のうち、ここでは主要な2つを紹介します[注15]。

- Persistent Volumes: Podとは独立のライフタイムを持ち、Podのライフタイムを超えてデータが永続化されるボリューム
- Ephemeral Volumes: Podと同じライフタイムを持ち、Podの再起動でデータが保持されないエフェメラル（揮発性の）ボリューム

Persistent Volumes

　PersistentVolumeを用いることで、Podのライフタイムとは独立した、永続的なデータ格納領域を管理できます。PersistentVolumeを作成する方法の1つは、マニフェストを宣言することによる手動作成です。マニフェストには、データ格納領域の仕様（使用するプラグイン、サイズ、再利用のポリシー、マウントオプションなど）を記述します。

注14) **URL** https://cloud.google.com/kubernetes-engine/docs/how-to/persistent-volumes/gce-pd-csi-driver?hl=ja

注15) これ以外にも、ConfigMapやSecret、Pod情報などをまとめてコンテナにマウント可能なprojected volumesという仕組みもあります（**URL** https://kubernetes.io/docs/concepts/storage/projected-volumes/）。

≫ 図3-16 PodとPV、PVC

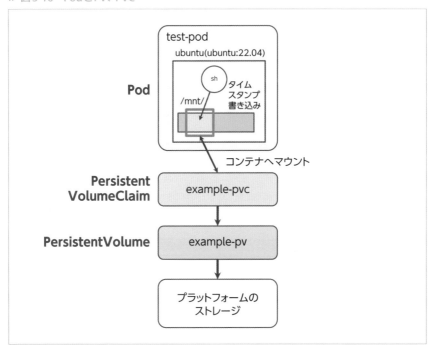

　PodからそれらPersistentVolumeを利用するには、使用するPersistentVolumeの条件（容量やラベルセレクタなど）を記述した「PersistentVolumeClaim」を別途作成します。すると、その条件を満たすPersistentVolumeがPersistentVolumeClaimに割り当てられます。PodマニフェストにPersistentVolumeClaimの名前と、そのボリュームをコンテナ内のどこにマウントするかを指定することで、ボリュームをコンテナから利用できるようになります。

　ここで、手動でPersistentVolumeを作成し、PodからそれをPersistentVolumeClaimを通じて利用する例を示します（図3-16）。始めにボリュームとして利用するストレージ領域を準備します。たとえばGKEの場合、「gcloud compute disks create」コマンドを用いるなどして[注16]、Podから利用する永続ディスクをGoogle Cloud上で用意できます。

　リスト3-10はこのストレージをクラスタ上で利用できるようPersistentVolume

注16) **URL** https://cloud.google.com/sdk/gcloud/reference/compute/disks/create

≫ リスト3-10 PersistentVolumeとPersistentVolumeClaimの例「example-gke-pv-pvc.yaml」

```
# Persistent Volumeの定義
apiVersion: v1
kind: PersistentVolume
metadata:
  name: example-pv
spec:
  capacity:
    storage: 5G  # ストレージ容量
  accessModes:
  - ReadWriteOnce
  storageClassName: manual
  csi:
    # クラスタ上で利用する永続ディスクの指定例
    driver: pd.csi.storage.gke.io
    volumeHandle: projects/k8sdemo-282612/zones/us-west1-a/disks/demo-disk
    fsType: ext4
---
# Persistent Volume Claimの定義
apiVersion: v1
kind: PersistentVolumeClaim
metadata:
  name: example-pvc
spec:
  accessModes:
  - ReadWriteOnce
  storageClassName: manual
  resources:
    requests:
      storage: 5G  # ストレージの要求容量
```

とPersistentVolumeClaimを作成するマニフェストです。PersistentVolumeは、先ほど作成したディスクをcsiフィールドから参照します。なお、storageClassNameフィールドは、ボリュームが所属するクラスを表す「Storage Class」[注17]を指定します。PersistentVolumeClaimは同じStorage ClassのPersistentVolumeに紐付くため、ここではどちらにも同じ値を指定しています。画面3-28のようにこれをクラスタに適用すると、実際にPersistentVolumeや、それに紐付いたPersistentVolumeClaimができていることがわかります。

　Podからは、リスト3-11に示すように、PodマニフェストのpersistentVolumeClaimフィールドで上記のPersistentVolumeClaimを参照することで、先ほど作成したストレージ領域を利用できます。画面3-29のようにデプロイします。

注17) (URL) https://kubernetes.io/docs/concepts/storage/persistent-volumes/#class-1

≫ **画面3-28** PersistentVolumeとPersistentVolumeClaimの作成

```
$ kubectl apply -f example-gke-pv-pvc.yaml
persistentvolume/example-pv created
persistentvolumeclaim/example-pvc created
$ kubectl get pv example-pv  PersistentVolumeがつくられている
NAME            CAPACITY    ACCESS MODES    RECLAIM POLICY    STATUS    CLAIM
STORAGECLASS    REASON      AGE
example-pv      5G          RWO             Retain            Bound     default/example-pvc
manual                      27s
$ kubectl get pvc example-pvc  PersistentVolumeClaimがつくられている
NAME            STATUS      VOLUME          CAPACITY    ACCESS MODES    STORAGECLASS    AGE
example-pvc     Bound       example-pv      5G          RWO             manual          34s
```

≫ **画面3-29** PersisitentVolumeClaimを利用するPodのデプロイ

```
$ kubectl apply -f ubuntu-example-pvc.yaml
pod/test-pod created
$ kubectl get pod test-pod
NAME        READY     STATUS      RESTARTS    AGE
test-pod    1/1       Running     0           49s
```

≫ **リスト3-11** PodからPersistentVolumeClaimを利用する例「ubuntu-example-pvc.yaml」

```yaml
apiVersion: v1
kind: Pod
metadata:
  name: test-pod
spec:
  containers:
  - name: ubuntu
    image: ubuntu:22.04
    command: ["sh"]
    args:
    - -euc
    - |
      for i in $(seq 1 10) ; do
        date >> /mnt/data
        sleep 3
      done ; sleep infinity
    # ボリュームを「/mnt/」にマウント
    volumeMounts:
    - mountPath: /mnt/
      name: example-vol
  volumes:
  # Persistent Volume Claim「example-pvc」をこのPodで「example-vol」ボリュームと名付けて使用する
  - name: example-vol
    persistentVolumeClaim:
      claimName: example-pvc
```

≫ 画面3-30　ボリュームに書き込まれた内容を確認

```
$ kubectl exec -it test-pod -c ubuntu -- cat /mnt/data | head -n 3
Tue Oct 24 06:08:06 UTC 2023
Tue Oct 24 06:08:09 UTC 2023
Tue Oct 24 06:08:12 UTC 2023
```

≫ 画面3-31　Podの削除と再作成をしてもボリュームの内容が失われないことを確認

```
$ kubectl delete -f ubuntu-example-pvc.yaml
pod "test-pod" deleted
$ kubectl apply -f ubuntu-example-pvc.yaml
pod/test-pod created
$ kubectl exec -it test-pod -c ubuntu -- cat /mnt/data | head -n 3
Tue Oct 24 06:08:06 UTC 2023
Tue Oct 24 06:08:09 UTC 2023
Tue Oct 24 06:08:12 UTC 2023
```

≫ 画面3-32　Podとボリュームの削除

```
$ kubectl delete -f ubuntu-example-pvc.yaml
pod "test-pod" deleted
$ kubectl delete -f example-gke-pv-pvc.yaml
persistentvolume "example-pv" deleted
persistentvolumeclaim "example-pvc" deleted
```

　このPodは、得られたボリュームをコンテナの /mnt/ にマウントし、タイムスタンプを書き込みます。実際に画面3-30のようにボリュームに書き込まれたデータが取得できます。

　PodとPersistentVolumeのライフタイムは独立であり、Podを削除しても PersistentVolumeは削除されず、Pod再作成後も同じPersistentVolumeClaimを通じてふたたびそのボリュームを利用できます。実際に画面3-31のようにPodを再作成してみても、以前書き込んだボリュームの内容が残っていることが確認できます。

　最後にPodとボリュームを削除します（画面3-32）。たとえばGKEでは「gcloud compute disks delete」コマンドを用いるなどして[注18]、プラットフォーム側でのストレージ領域の削除も適宜行います。

注18) **URL** https://cloud.google.com/sdk/gcloud/reference/compute/disks/delete

≫ リスト3-12　StatefulSetでのPersistentVolumeClaim設定（リスト3-6のStatefulSetマニフェストから抜き出し）

```
volumeClaimTemplates:
- metadata:
    name: vol
  spec:
    accessModes: [ "ReadWriteOnce" ]
    resources:
      requests:
        storage: 1Gi
```

そのほかのPersistent Volume関連の設定はドキュメントを参照ください[注19]。

PersistentVolumeを手動で作成する代わりに、Dynamic Provisioning機能を利用することで、PersistentVolumeClaimからその要求を見たすPersistentVolumeを動的に作成することもできます。

具体的なボリューム作成作業はStorage Classで設定されます。Storage Classはマニフェストを用いた設定ができ[注20]、それにはDynamic Provisioningを実装するプラグイン（provisioner）の指定も含まれます。

PersistentVolumeClaimからは、クラスタに設定されたデフォルトのStorage Classを用いることも、他のStorage Classを指定することもできます[注16]。たとえばGKEでも、Dynamic Provisioning機能を提供するStorage Classがデフォルトで設定されており、PersistentVolumeClaimからボリュームを動的に作成できます[注21]。

PersistentVolumeを使う具体例として、前述したStatefulSetも挙げられます。StatefulSetは構成する各Podそれぞれに PersistentVolumeを割り当てることができます。リスト3-12のように、マニフェストにはvolumeClaimTemplatesというフィールドでPersistentVolumeClaimのようなボリューム要求を直接記述でき、各Podは割り当てられたPersistentVolumeを利用します[注22]。さらに3-4-2節のStatefulSetの例は、PersisntVolumeを手動で作成せず、Dynamic Provisioning

---

注19) **URL** https://kubernetes.io/docs/concepts/storage/persistent-volumes

注20) **URL** https://kubernetes.io/docs/concepts/storage/storage-classes/

注21) **URL** https://cloud.google.com/kubernetes-engine/docs/concepts/persistent-volumes?hl=ja#storageclasses

注22) VolumeClaimTemplateと呼ばれます（**URL** https://kubernetes.io/docs/concepts/workloads/controllers/statefulset/#stable-storage）。

≫ リスト3-13　emptyDirの例「ubuntu-emptydir.yaml」

```
apiVersion: v1
kind: Pod
metadata:
  name: test-pod
spec:
  containers:
  # emptyDirからデータを読むコンテナ
  - name: container-a
    image: ubuntu:22.04
    command: ["sh"]
    args:
    - -euc
    - "tail -f /mnt/shared-file"
    volumeMounts:
    - mountPath: /mnt/    # emptyDirを「/mnt/」にマウント
      name: test-volume
  # emptyDirにタイムスタンプを書き込むコンテナ
    image: ubuntu:22.04
    command: ["sh"]
    args:
    - -euc
    - |
      for i in $(seq 1 10) ; do
        date >> /mnt/shared-file
        sleep 3
      done ; sleep infinity
    volumeMounts:
    - mountPath: /mnt/    # emptyDirを「/mnt/」にマウント
      name: test-volume
  volumes:
  - name: test-volume    # emptyDirを「test-volume」ボリュームとして使用
    emptyDir:
      sizeLimit: 500Mi
```

機能を利用し、自動的に作成されたボリュームをPodから使用していました。

　以上のように、PersistentVolumeを用いることで、ストレージをPodのライフタイムとは独立して管理できます。

Ephemeral Volumes

　Ephemeral Volumeは、ボリュームの中でもPodと同じライフタイムを持ち、Podが終了するとボリュームも削除されます。主要なものの1つにリスト3-13に示すemptyDir[注23]があります。emptyDirは空ディレクトリをPodから利用でき

注23) URL https://kubernetes.io/docs/concepts/storage/volumes/#emptydir

119

≫ 画面 3-33　emptyDir を利用する Pod の実行

```
$ kubectl apply -f ubuntu-emptydir.yaml
pod/test-pod created
$ kubectl logs -c container-a test-pod | head -n 5
Tue Oct 24 07:23:55 UTC 2023
Tue Oct 24 07:23:58 UTC 2023
Tue Oct 24 07:24:01 UTC 2023
Tue Oct 24 07:24:04 UTC 2023
Tue Oct 24 07:24:07 UTC 2023
$ kubectl delete -f ubuntu-emptydir.yaml
pod "test-pod" deleted
```

るようにするボリュームで、データを一時的にキャッシュしたり、Pod 内のコン
テナ間でデータを共有したりするなど、さまざまな用途に使えます。書き込ま
れたデータはデフォルトでノード上に格納されますが、メモリ（tmpfs）に格納
することもできます。リスト 3-13 では各コンテナは 1 つの emptyDir を共有し、
container-a からは、container-b が書き込むデータを /mnt/ にマウントした
emptyDir 経由で見ることができます（画面 3-33）。

　もう 1 つ紹介するボリュームは「Generic Ephemeral Volume」で、これは先程
述べた Dynamic Provisioning を利用します。このボリュームを使う場合、Pod マ
ニフェストなどにボリュームの要求を直接記述し、その Pod と同じライフタイ
ムを持つボリュームを動的に作成できます。たとえば、リスト 3-14 に示すマニフェ
ストはリスト 3-13 の emptyDir の例に似ていますが、emptyDir ではなく Generic
Ephemeral Volume を用います。

　この例では Pod と同じライフタイムを持つボリュームを、「volumeClaim
Template」フィールドに記載したボリューム要求から得ています。GKE などプ
ラットフォームでは、Dynamic Provisioning によりそのボリュームを動的に作成し、
Pod に割り当てます。したがって、ノードのディレクトリやメモリ（tmpfs）を用
いる emptyDir とは異なり、この場合は provisioner が管理するストレージ（た
とえば GKE における永続ディスクなど）が使われます[注24]。

注24) **URL** https://cloud.google.com/kubernetes-engine/docs/how-to/generic-ephemeral-volumes

≫ リスト3-14　　Generic Ephemeral Volume の例

```
apiVersion: v1
kind: Pod
metadata:
  name: test-pod
spec:
  containers:
  # ボリュームに書き込まれたデータを読むコンテナ
  - name: container-a
    image: ubuntu:22.04
    command: ["sh"]
    args:
    - -euc
    - "tail -f /mnt/shared-file"
    volumeMounts:
    - mountPath: /mnt/   # Generic Ephemeral Volumeを「/mnt/」にマウント
      name: test-volume
  # ボリュームにタイムスタンプを書き込むコンテナ
  - name: container-b
    image: ubuntu:22.04
    command: ["sh"]
    args:
    - -euc
    - |
      for i in $(seq 1 10) ; do
        date >> /mnt/shared-file
        sleep 3
      done ; sleep infinity
    volumeMounts:
    - mountPath: /mnt/   # Generic Ephemeral Volumeを「/mnt/」にマウント
      name: test-volume
  volumes:
  - name: test-volume
    ephemeral:
      # ボリューム要求を記述して得られたボリュームをGeneric Ephemeral Volumeとして使用
      volumeClaimTemplate:
        metadata:
          labels:
            type: ephemeral
        spec:
          accessModes: ["ReadWriteOnce"]
          resources:
            requests:
              storage: 500Mi
```

サービス公開

この節は、KubernetesでPodとして実行されるアプリケーションが提供するサービスへ、ネットワークを通じたアクセスを実現する機能を紹介します。

3-6-1 ▶ Serviceを用いたPodへのアクセス

Kubernetesクラスタ上で実行するアプリケーションへ、ネットワークを通じてアクセスを行う上で重要な機能の1つがServiceです。Serviceを用いることで、あるサービスを提供する複数のPodに共通のIPアドレスを付与し、まさに1つの「サービス」のようにアクセスできるようになります（図3-17）。

KubernetesにおいてはPod自体にもIPアドレスが付与されており、Serviceが

≫ 図3-17　ServiceとPod

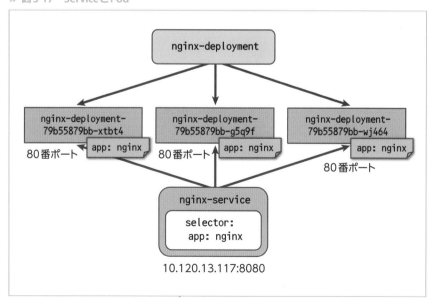

≫ リスト3-15　Serviceを宣言するマニフェスト「nginx-service.yaml」

```
apiVersion: v1
kind: Service
metadata:
  name: nginx-service
spec:
  selector:
    app: nginx   # 「app: nginx」ラベルを持つPodに対してService定義
  ports:
  - protocol: TCP
    port: 8080   # Serviceがリッスンするポート
    targetPort: 80   # Podがリッスンするポート
```

なくともあるPodから別のPodへのアクセス自体はできます。では、なぜService
のような機能が必要なのでしょうか？——その理由の1つに、Kubernetes上では
PodのIPアドレスは頻繁に代わり得るという点が挙げられます。

　たとえばスケーリングや障害発生のタイミングでPodが削除・起動されるた
びに、新たに作成されるPodには毎回異なるIPアドレスが払い出されます。し
たがって、あるPodにアクセスしようとしたときに「アクセスしたいPodに今割
り当てられているIPアドレスが何かわからない」という問題があります。そこ
でServiceはPod集合に対して1つの共通IPアドレスを付与し、具体的なPodへ
の接続やロードバランシングを可能にします。

　Serviceのもう1つの特徴は名前を使ってアクセスできるという点です。
Serviceの作成により、Kubernetesクラスタ内DNSや各Podの/etc/resolv.
confにも設定が施され、クラスタ内ではServiceに対して、IPアドレスではなく
その名前を使ってアクセスできます。

　リスト3-15は、Serviceのマニフェストの例を示しています。このマニフェス
トは、クラスタ上で稼動するPodのうち「app: nginx」というラベルが付与され
たものから、Serviceを作成します。ServiceにはIPアドレスが払い出され、その
8080番ポートへの通信が各Podの80番ポート（nginxがlistenしているポート）
にマッピングされます。

　画面3-34では、そのマニフェストを用いて実際にServiceを作成する例を示
しています。まず、3-4-1節で使用したDeploymentのマニフェストを再度使用
してクラスタへnginx Podを「app: nginx」というラベル付きで3つデプロイし

123

≫ **画面3-34　Service作成の例**

```
$ kubectl apply -f nginx-deployment-3.yaml
deployment.apps/nginx-deployment created
$ kubectl apply -f nginx-service.yaml  nginx podからServiceを作成する
service/nginx-service created
$ kubectl get service nginx-service  nginx-serviceが作成されている
NAME            TYPE        CLUSTER-IP      EXTERNAL-IP     PORT(S)     AGE
nginx-service   ClusterIP   10.120.13.117   <none>          8080/TCP    12s
$ kubectl run --rm -it svc-client --image=alpine:3.18 --restart=Never -- wget
-qO - http://nginx-service:8080
<!DOCTYPE html>
<html>
<head>
<title>Welcome to nginx!</title>
<style>
html { color-scheme: light dark; }
body { width: 35em; margin: 0 auto;
font-family: Tahoma, Verdana, Arial, sans-serif; }
</style>
</head>
<body>
<h1>Welcome to nginx!</h1>
<p>If you see this page, the nginx web server is successfully installed and
working. Further configuration is required.</p>

<p>For online documentation and support please refer to
<a href="http://nginx.org/">nginx.org</a>.<br/>
Commercial support is available at
<a href="http://nginx.com/">nginx.com</a>.</p>

<p><em>Thank you for using nginx.</em></p>
</body>
</html>
pod "svc-client" deleted
```

ています。さらに、リスト3-15のマニフェストをkubectl applyコマンドにより
宣言し、それらラベルを持つPodからServiceを作成しています。kubectl get
serviceコマンドを使ってその作成の様子を確認してみると、nginx-serviceと
いう名前でServiceが作成されており、クラスタ内でアクセス可能なIPアドレス
として10.120.13.117が払い出されていることがわかります。また、Serviceに
は名前を使ってアクセスできるため、画面3-34では、上記でデプロイしたnginx
Podに対するクライアントとして、新たにalpine:3.18イメージをkubectl run
コマンドを使ってPodとして実行し、その中からService名 (nginx-service) を
使ってcurlコマンドでnginxサーバにアクセスしています。

　なお本書では詳しく扱いませんが、「Headless Service」という、それ自身のIPアドレスやロードバランシング機能を持たないServiceを作成することもできます[注25]。Headless Serviceには、それを構成する各Podの名前をクラスタ内DNSでそれぞれ解決できるようにする機能があります。3-4-2節のStatefulSetの例では、この機能を利用し各Podにそれぞれ名前でアクセスできるようにしていました[注26]。

　前節では、Service機能を用いることで、あるサービスを構成するPod群をひとまとめにし、共通のIPアドレスを付与できると述べました。しかし上記の例で作成したServiceはClusterIPと呼ばれる種別（type）を持ち、このServiceによって付与されるIPアドレスはKubernetesクラスタ内だけで有効で、インターネットなどクラスタの外からはアクセスできません。ここでKubernetesは、Pod群をクラスタの外部に公開するのに有用な、ほかの種別のServiceや、Service以外の機能も持ちます。

　本節ではそのうち3つの機能を紹介します。

▶ NodePort Service

　NodePortはServiceの一種であり、その名のとおり各ノード上のポート（NodePort）をクラスタ外に公開し、そのポートを通じた通信を、そのServiceを構成するPodのいずれかにロードバランスします。ただし、ノード自体のクラスタ外部への公開やノードが複数ある場合のそれらノード群に対するロードバランサのセットアップなどはユーザーが行うことになります。

　リスト3-16に示すマニフェストは、NodePort Serviceを作成し、各ノードのポート30080を通じてnginxにアクセス可能にします[注27]（図3-18）。

注25) **URL** https://kubernetes.io/docs/concepts/services-networking/service/#headless-services
注26) **URL** https://kubernetes.io/docs/concepts/workloads/controllers/statefulset/#stable-network-id
注27) nodePortフィールドは省略可能で、その場合はKubernetesがnodePortを払い出します。

≫ リスト3-16　NodePort Serviceの例

```
apiVersion: v1
kind: Service
metadata:
  name: nginx-service
spec:
  type: NodePort
  selector:
    app: nginx    # 「app: nginx」ラベルを持つPodに対してService定義
  ports:
  - protocol: TCP
    port: 80
    targetPort: 80    # Podがリスンするポート
    nodePort: 30080   # ノード上でServiceが通信を受けるポート
```

≫ 図3-18　Serviceの公開（NodePort）

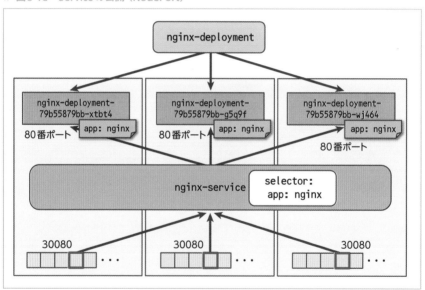

▶ LoadBalancer Service

LoadBalancer Service も Service の 一 種 で す。ク ラ ウ ド プ ロ バ イ ダ な ど、
Kubernetes向けにロードバランサ機能を提供しているプラットフォーム上で利
用可能で、そのロードバランサを通じて各サービスをクラスタ外に公開できます。
NodePortにおいては各ノードに対するロードバランサのセットアップは管理対
象ではありませんでしたが、LoadBalancer Serviceを用いることで、Kubernetes

≫ リスト3-17　LoadBalancer Serviceの例

```
apiVersion: v1
kind: Service
metadata:
  name: nginx-service
spec:
  type: LoadBalancer
  selector:
    app: nginx   # 「app: nginx」ラベルを持つPodに対してService定義
  ports:
  - protocol: TCP
    port: 80   # Serviceがリスンするポート
    targetPort: 80   # Podがリスンするポート
```

上でPod群に対するロードバランサとして、そのプラットフォームが提供する
ものを利用できます。

　クラスタ外から見ると、LoadBalancerが公開するIPアドレス、ポートにアク
セスすることで、そのポートを公開しているLoadBalancer Serviceにより通信が
そのServiceを構成するPodの1つへと送られます。

　リスト3-17に示すマニフェストは、LoadBalancer Serviceを作成し、ロードバ
ランサのポート80を通じてnginxにアクセス可能にします（図3-19）。GKEなど
プラットフォームのロードバランサ機能[注28]が使われます

▶ Ingress

　Ingressは複数Serviceへのアクセスを管理できる機能です。たとえば、1つの
HTTPベースのアプリケーションを複数のServiceを用いて構成し、URLのホス
ト名やパスのルールベースで、実際にアクセス先として用いる（つまりバックエ
ンドとなる）Serviceをマニフェスト上で指定できるなど、ロードバランシング
機能が充実しています。Kubernetes自体にIngressを管理するコンポーネント（コ
ントローラ）は含まれていないため、Ingressを利用するにはユーザーが導入するか、
クラウドプロバイダなどKubernetesが稼働しているプラットフォームにより提
供されるものを利用します。

　Ingressコントローラの実装にはさまざまなものがあります[注29]。本章で利用

注28) **URL** https://cloud.google.com/kubernetes-engine/docs/concepts/service-load-balancer?hl=ja
注29) **URL** https://kubernetes.io/docs/concepts/services-networking/ingress-controllers/

≫ 図3-19　Serviceの公開（LoadBalancer）

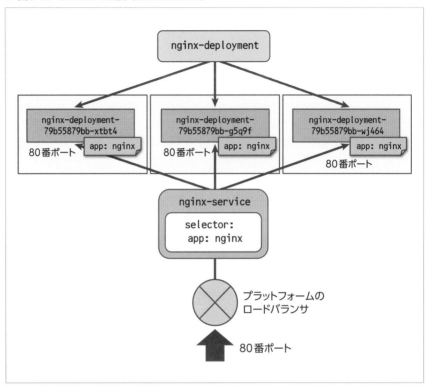

するGKEでは、GKE Ingress[注30]と呼ばれるIngressコントローラを提供しており、これはGoogle Cloudのロードバランサを用いてHTTP（S）通信をロードバランシングしています。AWSの「AWS Load Balancer Controller[注31]」は、AWSのロードバランサ機能である「Application Load Balancer」を用いて実装されるIngressコントローラです。さらに、KubernetesコミュニティではNGINXを用いたIngressコントローラ「Ingress NGINX Controller[注32]」も開発されています。これら以外にもさまざまなIngressコントローラ実装が開発されています。詳しくはKubernetesのドキュメント[注29]をご覧ください。

注30）**URL** https://cloud.google.com/kubernetes-engine/docs/concepts/ingress?hl=ja
注31）**URL** https://docs.aws.amazon.com/ja_jp/eks/latest/userguide/aws-load-balancer-controller.html
注32）**URL** https://github.com/kubernetes/ingress-nginx

```
# Serviceの定義
kind: Service
apiVersion: v1
metadata:
  name: nginx-service
spec:
  selector:
    app: nginx  # 「app: nginx」ラベルを持つPodに対してService定義
  ports:
  - protocol: TCP
    port: 80  # Serviceがリスンするポート
    targetPort: 80  # Podがリスンするポート
---
  # Ingressの定義
apiVersion: networking.k8s.io/v1
kind: Ingress
metadata:
  name: my-ingress
spec:
  rules:
  - http:
      paths:
      - path: /*  # URLの「/」配下のすべてのパスにマッチ
        pathType: ImplementationSpecific
        backend:
          service:
            name: nginx-service  # 「nginx-service」が接続を受ける
            port:
              number: 80
```

　リスト3-18に示すマニフェストは、Ingressのポート80を通じてサービスにアクセス可能にします[注33]（図3-20）。

注33) 使用するIngressコントローラやプラットフォームの設定によりマニフェストの設定内容には違いがあるため、詳細は使用する各コンローラのドキュメントも参照ください。

≫ 図3-20　Serviceの公開（Ingress）

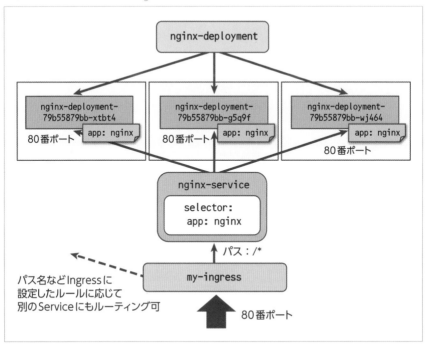

Kubernetes の Pod と CRI コンテナランタイム

ここまで、Kubernetes が提供する基本的な機能を紹介してきました。この節では少し視点を変えて、Kubernetes そのものについて見ていきます。特に Kubernetes クラスタを構成するノード上で稼動するコンポーネントに着目し、そもそも最も基本的な実行単位である Pod が、どのように作成・実行されているのかを俯瞰します。

3-7-1 ▶ kubelet による Pod 管理

この節では、ユーザーによって作成を指示された Pod が、どのようにノード上で実行されるのか、その流れを簡単に紹介します（図 3-21）。

各ノード上では複数の「ノードコンポーネント」と呼ばれるコンポーネント群が稼動し、そのノード上のコンテナ群の実行管理、レジストリからのイメージ取得や管理、ネットワーキングの管理などを行います。

Deployment の作成などにより Kubernetes へアプリケーションのデプロイを指示すると、Kubernetes のコントロールプレーンに含まれるスケジューラ（kube-scheduler）がそのアプリケーションを構成する Pod をどのノードで実行するかを決定します[注34]。各ノード上では、「kubelet」と呼ばれるノードコンポーネントが、そのノード上の Pod 作成・管理を司っています。kubelet は、そのノードにスケジューリングされた Pod について、ユーザーにより設定された Pod の仕様（PodSpec）をコントロールプレーンの API サーバ（kube-apiserver）から受けとり、Pod がそのとおりにノード上で稼動するよう管理します[注35]。

Pod を構成する各コンテナのイメージはレジストリからノードへ pull され、それを用いて各コンテナの実行環境がノード上で作成され、アプリケーションが

注34) (URL) https://kubernetes.io/docs/concepts/scheduling-eviction/kube-scheduler/
注35) kubelet は apiserver 以外にもノード上に配置されたファイルなどからも PodSpec を得ます（(URL) https://kubernetes.io/docs/reference/command-line-tools-reference/kubelet/）。

≫ 図3-21　kubeletとCRI・OCIランタイム

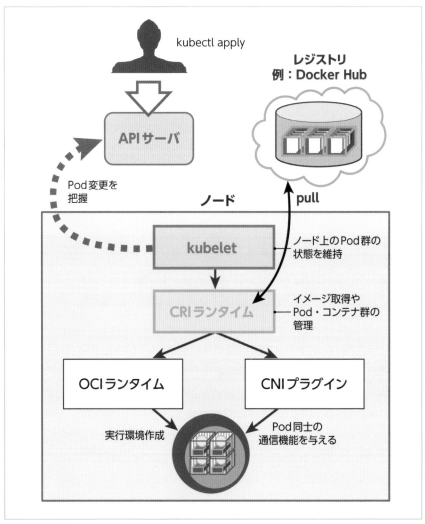

実行されます。しかし、このとき実際にレジストリからイメージを取得したり、そこからPodやコンテナ群の実行環境を作成したり、それぞれをIPアドレスで疎通可能にするなど、具体的なPodの操作を行うのはkubeletの仕事ではありません。それはコンテナランタイム、特に「CRIランタイム」と呼ばれる種類のコンテナランタイムが担当します。

3-7-2 ▶ CRIランタイム

　CRI ランタイムは各ノード上で稼働し、Kubernetes、特に kubelet から Pod 操作に関する指示を受け、それに従ってイメージをレジストリから取得したり、コンテナ群を Pod として作成したりするソフトウェアです。kubelet から CRI ランタイムを呼び出す API の仕様は Kubernetes により Container Runtime Interface (CRI) として定められ、各 CRI ランタイムはそれを gRPC API で提供します[注36]。実装には、CNCF プロジェクトである「containerd[注37]」、「CRI-O[注38]」などがあります。

　CRI ランタイムは、Docker と同様に前章で紹介した「OCI ランタイム」を利用して各コンテナをノード上で作成し、それらに共通のネットワークインタフェースを見せるなど、Pod として機能するようにコンテナ群をまとめます。CRI ランタイムやその実装については、次章でも紹介します。

　Kubernetes 1.20 よりも前のバージョンでは、kubelet は Docker API を操作するための専用コンポーネント「dockershim」を持ち、Docker をノード上のランタイムとして利用する機能を提供していました。

　しかしメンテナンス性などの理由により、dockershim は 1.20 で非推奨な機能となり、1.24 で削除されたため、それ以降は kubelet から Docker をノード上のランタイムとして直接利用することはできません[注39、注40]。各クラウドベンダーが提供するノードも、CRI ランタイムを利用しています。

　コンテナをデプロイする Kubernetes ユーザーの観点からは、Docker も Kubernetes（CRI ランタイム）も、利用可能なイメージやレジストリは同じです。Docker でビルドしたイメージを、そのままレジストリを介して Kubernetes へデプロイし、実行できます。この相互運用性は、次章で詳しく述べるイメージやレジストリに定められている標準仕様によるもので、Docker も Kubernetes も、この仕様に従って実装されているためです。

注36) **URL** https://github.com/kubernetes/cri-api
注37) **URL** https://containerd.io/
注38) **URL** https://cri-o.io/
注39) **URL** https://kubernetes.io/blog/2022/02/17/dockershim-faq/#why-was-the-dockershim-removed-from-kubernetes
注40) Docker API と CRI を変換するコンポーネントとして Mirantis 社を中心に開発される cri-dockerd を別途稼働させることで、Docker をノード上のランタイムとして利用できます（**URL** https://github.com/Mirantis/cri-dockerd）。

3-7-3 ▶ CNIプラグイン

本章でもたびたび述べてきたように、Kubernetesにおいては、各PodはそれぞれにIPアドレスを付与され、互いにIPアドレスを用いて通信できます。

上述のようにPodの作成はCRIランタイムが担当しますが、そのPodにIPアドレスを払い出し、ネットワークインタフェースをPodに付与する具体的な作業については、CRIランタイムは行いません。これは「CNIプラグイン」と呼ばれるプラグインが担当しています（図3-21）。その仕様はCNCFプロジェクトとして「Container Network Interface Specification」に定められています[注41]。

Kubernetesで広く使われるCNIプラグイン実装にはさまざまなものがあります。flannel[注42]はオープンソースで開発が進められるCNIプラグインで、各ノード上のPod同士を通信させる仕組みとして、VXLANを用いるものなどいくつかの方式をサポートしています。Calico[注43]はTigera社を中心にオープンソースで開発が進められるCNIプラグインで、Pod間通信に加え、Kubernetesの「NetworkPolicy[注44]」という機能をサポートしており、ポリシーによる通信の制御ができます。

CRIランタイムはPodを作成する際、そのPodに関する情報をCNIの標準に定められた形式でCNIプラグインに与えて実行することで、そのPodに通信機能を与えます。

3-7-4 ▶ kube-proxy

kube-proxy[注45]は、3-6節で紹介したService機能を実現するため、各ノード上で通信を管理しています（図3-22）。各Service宛ての通信がどのPodのIPアドレスに届くべきかを、kube-proxyはAPIサーバを通じて把握しています。ノード上で稼動するPodから、あるService（ClusterIP）への通信が行われるとき、そのノー

注41) (URL) https://github.com/containernetworking/cni
注42) (URL) https://github.com/flannel-io/flannel
注43) (URL) https://www.tigera.io/project-calico/
注44) (URL) https://kubernetes.io/docs/concepts/services-networking/network-policies/
注45) (URL) https://kubernetes.io/docs/reference/command-line-tools-reference/kube-proxy/

≫ 図3-22　kube-proxy

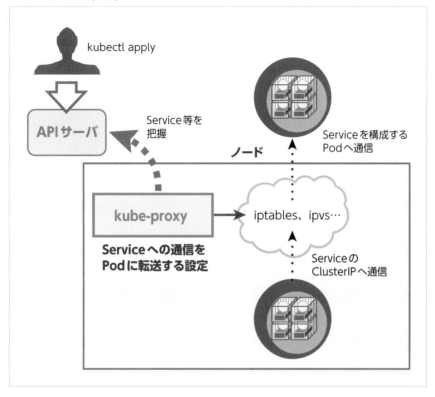

ド上で通信を対応するPodへ転送します。kube-proxyはこの転送を、Linuxノードの場合はiptablesあるいはipvsなどの機能を利用して実現します[46]。

3-7-5 ▶ ノードコンポーネントの関係

　コンテナランタイムについては第4章で注目していきますが、ここまで出てきたPod管理におけるノード上のコンポーネントの関係を簡単にまとめると次のようになります（図3-23）。

注46）URL https://kubernetes.io/docs/reference/networking/virtual-ips/

≫ 図3-23 ノードコンポーネントの関係

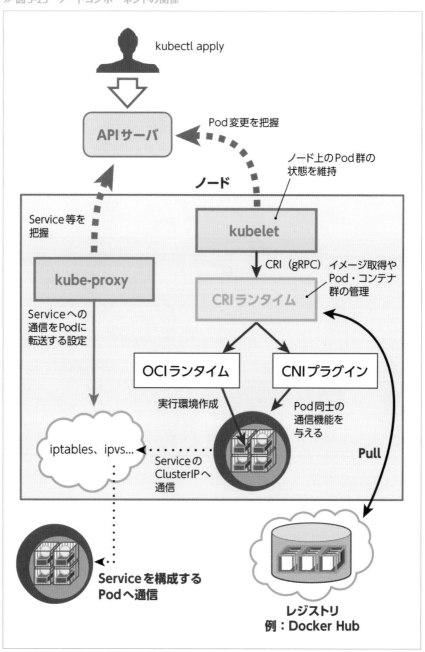

- kubelet：ノード上の Pod の管理を司る
- kube-proxy：Service 宛ての通信を、それを構成する Pod に到達させることで、Service の通信を実現する。Linux では iptables などの機能を使って実現される
- CRI ランタイム：kubelet から指示を受け、コンテナ群を Pod として管理したりイメージの管理を行ったりする。仕様は Kubernetes の Container Runtime Interface として定められ、gRPC API を公開
- CNI プラグイン：Pod にネットワークインタフェースを付与するなど、Pod 間通信の管理を行うため、CRI ランタイムが利用する。
- OCI ランタイム：CRI ランタイムから利用され、ホストから隔離された実行環境をコンテナとして作り出しその直接操作の手段を与える。仕様は OCI により「OCI Runtime Specification」として定められる

このように、ノード上ではノードコンポーネントが協調して動作することで、そのノードにスケジューリングされた Pod を実行・管理しています。

まとめ

　この章では、コンテナを複数マシンからなる基盤上で管理するのに用いられる Kubernetes について述べました。まず、Kubernetes の持つ特徴のうち、「ファイルを用いた宣言的管理」、「広範なデプロイ形式のサポート」、「拡張性の高いアーキテクチャとそれを取り巻く開発者コミュニティ」を紹介しました。そして、Kubernetes クラスタの概要とそれを操作するためのツールである kubectl コマンドについてその概要を述べました。さらに Kubernetes の持つ基本的な機能である Pod とラベルについて述べ、そしてデプロイ、設定項目やボリューム、サービス公開に関する機能を紹介しました。最後に、Kubernetes の各ノード上で稼動するコンポーネントとして、kubelet、それがコンテナ管理に用いるコンテナランタイムである CRI ランタイム、通信の管理に用いられる CNI プラグインや kube-proxy を紹介しました。また、Kubernetes と Docker の関係についても説明しました。

　次章では、コンテナのより基礎的な側面に注目し、Docker および Kubernetes でコンテナ作成に用いられるソフトウェアである「コンテナランタイム」について述べます。具体的には、前章で紹介した Docker がコンテナの実行環境の管理に用いる「OCI ランタイム」と、本章で紹介した Kubernetes が各ノード上でコンテナ管理に用いる「CRI ランタイム」などに注目し、それらの関係や標準仕様、要素技術に注目します。

第 **4** 章

コンテナランタイムと
コンテナの標準仕様

章まで、広く用いられるコンテナ管理ツールとして「Docker」、
「Kubernetes」の概要を通じて、コンテナを利用の側面から見てきま
した。この章では、コンテナのより基礎的な側面としてコンテナがどのよ
うに作られるかに注目し、コンテナ作成を担当するソフトウェアとして広
く用いられる「コンテナランタイム」と、それを取り巻く標準仕様などを紹
介します。なお、本章ではLinux環境を前提とします。

4-1　コンテナランタイムの概要

　DockerやKubernetes上でコンテナを実行するとき、コンテナはどんなソフト
ウェアによりどのようにして作り出されるのでしょうか。——その役割を担っ
ているのは「コンテナランタイム」という種類のソフトウェアです。コンテナラ
ンタイムは、Kubernetesのような上位のオーケストレータから指示を受け、マ
シン上でPodやコンテナの作成・管理を担います。

　コンテナの基本的な特徴である、ホストから隔離された実行環境の作成やコ
ンテナイメージからのコンテナ実行、コンテナイメージの配布などもコンテナ
ランタイムが担います。コンテナをコンテナたらしめるための最も基本的な機
能を提供しているとも言えます。

4-1-1 ▶ Docker、Kubernetesとコンテナランタイムの関係

　まず、DockerやKubernetesがどのようにコンテナランタイムを利用している
のか、それらの関係を整理します（図4-I）。

▌ Dockerとコンテナランタイム
　Dockerデーモンは、ユーザーからDocker CLIなどを通じてコンテナ作成指示

≫ 図4-1　Docker、Kubernetes、ランタイムの関係

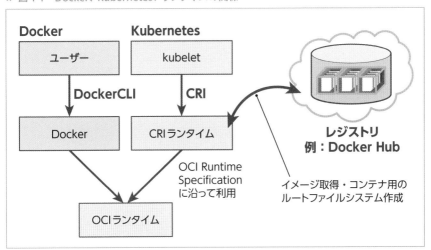

を受けとり、レジストリとの通信、イメージ・コンテナ・ネットワーキングなど
の管理を行います。さらにDockerデーモンは、コンテナとして実行するアプリケー
ション用にホストと隔離された実行環境を用意するため、より低レイヤに位置
するランタイムである「OCIランタイム」を利用します。OCIランタイムの仕様
は、「OCI Runtime Specification」という業界標準仕様で定められます。このとき、
Dockerはコンテナの実行設定（実行コマンドや環境変数など）とイメージを展
開して作ったコンテナ用のルートファイルシステムをOCIランタイムに渡しま
す[注1]。

▶ Kubernetesとコンテナランタイム

　各ノードのkubeletは、自ノードにPodがスケジューリングされると、その
作成をCRIランタイムに指示します。このときkubeletは「Container Runtime
Interface[注2]」（CRI）として定められる標準APIを通じてCRIランタイムを操作し
ます。CRIランタイムは、Podの作成・管理のため、レジストリとの通信、イメー
ジやPod・コンテナの状態管理、ネットワーキングの管理を行います。さらに、

注1）　より詳細には、Dockerは後の節で紹介するcontainerdと呼ばれるコンポーネントを経由してOCIランタ
　　　イムの操作やコンテナの管理を行います。
注2）　**URL** https://github.com/kubernetes/cri-api

OCIランタイムを用いて、コンテナ用に隔離された実行環境を作成します。このときの呼び出し方は前述したものと同様、コンテナの実行設定とルートファイルシステムをOCIランタイムに渡します。

▶️ Docker・Kubernetesの相互運用性と標準仕様

DockerとKubernetesは、どちらも同じように、レジストリを操作してイメージを取得し、OCIランタイムを用いてコンテナ実行環境を作成します。このようにコンテナ、イメージ、レジストリの扱いがツール間で統一されているため、docker buildで一度作成したイメージを、レジストリを介してDocker・Kubernetesで共有できます。これにより、ユーザーは環境に応じてDockerとKubernetesを組み合わせたサービス開発・運用ができます。

ここで、Docker・Kubernetesの高い相互運用性に寄与しているのが、業界で定められたコンテナに関する標準仕様です。Open Container Initiative (OCI) という団体により、OCIランタイム、イメージ、レジストリにはそれぞれ標準仕様が定められています。DockerやKubernetesは、この共通の仕様をもとに開発されることで、互いに連携可能になっています。OCIの定める具体的な標準仕様については、本章でも後ほど紹介します。

4-1-2 ▶️ ランタイムの2つのレイヤ

ここから、前述したDocker・Kubernetesによるコンテナランタイムを用いたコンテナ作成・管理の流れを紹介します。

図4-2に示すとおり、一般に「コンテナランタイム」と言われるソフトウェアには、役割に応じて2段階の階層があります。前述したKubernetesやDocker[注3]によるコンテナ管理の流れは、これら2種類のランタイムの連携とみなせます。

・**高レベルランタイム**：ユーザーやkubeletなどから指示を受け、レジストリとの通信や、コンテナ・イメージ・ネットワークなどの管理を行う。Docker

---

注3) 本書ではDockerを高レベルランタイムとして扱いますが、高レベルランタイムの定義には揺れがあり、Dockerを構成するコンポーネントの1つ「containerd」を高レベルランタイムとしDockerはさらに上位のエンジンとして位置付ける場合もあります。

≫ 図4-2 ランタイムの2つのレイヤ

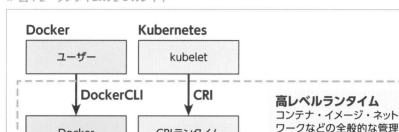

やCRIランタイムが含まれる。特にKubnernetesにおいてはその仕様が「Container Runtime Interface」（CRI）として定められる

・低レベル（OCI）ランタイム：高レベルランタイムから指示を受け、ホストから隔離された実行環境をコンテナとして作り出し、その直接操作の手段を与える。仕様はOCIにより「OCI Runtime Specification」として定められる

第2章で紹介したDocker、第3章で紹介したCRIランタイムは高レベルランタイム、本章でのちほど紹介するruncは低レベルランタイムにあたります。

4-1-3 ▶ CRIランタイム、OCIランタイムの連携とPodの作成の流れ

ここで、コンテナランタイムの2つのレイヤがどのように連携しているかを具体的に紹介します。Kubernetesのノード上でPodを1つ作成する流れを例に挙げます（図4-3）。CRI（高レベル）ランタイムとしてcontainerd、OCI（低レベル）ランタイムとしてruncを用いた場合を参考にしていますが、ほかのランタイムを用いる場合でも、CRIランタイム・OCIランタイムの連携の仕方に大きな違いはないでしょう。

≫ 図4-3 Pod作成の流れ

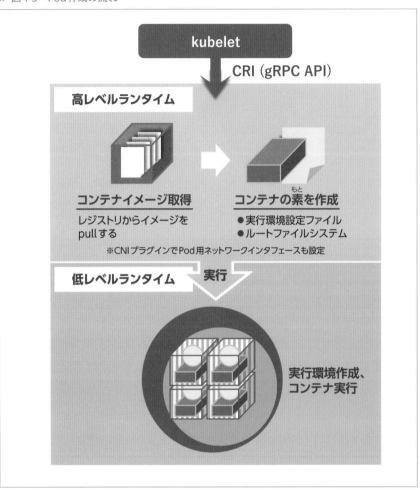

Kubernetesのノード上で稼働するkubeletは、APIサーバなどでのPodに対する変更を監視します。Podが自ノードへスケジューリングされるなどの、Podへの変更に応じて、ノード上でCRIランタイムを呼び出します。たとえば新たにPodを作成する場合は、CRIランタイムに必要なイメージのpullやPod・コンテナ作成の指示を出します。このとき、kubeletはCRIランタイムに対しgRPC APIを通じて指示を行い、そのAPIが「Container Runtime Interface」(CRI)として

Kubernetesで定められています。

　CRIランタイムはkubeletの指示に応じて、レジストリからのイメージのpullや、Pod・コンテナ作成の準備を行います。具体的には、pullしたイメージを展開してコンテナのルートファイルシステムを用意したり、コンテナの実行環境の設定ファイルを用意したりします。また、CRIランタイムはCNIプラグインを用いて、Pod用にネットワークインタフェースも作成します。1つのPodで実行されるコンテナ同士は、ここで作成したネットワークインタフェースを含む、ネットワークなどに関連する一部のリソースを共有するように、実行環境の設定ファイルに反映されます。そしてCRIランタイムは、作成したコンテナの実行環境の設定ファイルと、イメージから作成したルートファイルシステムをOCIランタイムへ渡し、コンテナの実行環境作成を指示します。

　OCIランタイムの仕様はOpen Container Initiative (OCI) により「OCI Runtime Specification」として定められています。CRIランタイムは、この仕様に沿ってOCIランタイムを実行することでアプリケーションの実行環境、つまりコンテナを作成します。OCI Runtime Specificationについては、本章でものちほど詳しく紹介します。

　OCIランタイムは、受けとった設定とルートファイルシステムから、ホストと隔離された実行環境をコンテナとして作成します。その後、コンテナに格納されているアプリケーション（エントリポイント）を、その作成した環境で実行します。こうしてコンテナが1つ起動します。

　その後もkubeletは、そのPod内で稼動させるコンテナの作成を次々とCRIランタイムに指示します。そのたびに上述と同様の流れでネットワークインタフェース等を共有するコンテナ群が作成されていき、最終的に1つのPodが完成します。

いろいろな高レベルランタイム （Docker互換ランタイム）

前節で述べたように、高レベルと低レベル、2階層のランタイムが連携することでマシン上でコンテナが作成・管理されます。さらにこれらランタイムにはさまざまな実装があり、それぞれがほかにはない特徴を持っています。

本節では、それらランタイムの実装のうち、特に開発者などユーザーによってコンテナ管理に用いられるDocker互換なランタイムに着目し、そのいくつかを紹介します。

4-2-1 ▷ Docker

第2章で紹介したDocker[注4]は、高レベルランタイムに位置します。なお、本書ではDockerを高レベルランタイムとして扱っていますが、高レベルランタイムの定義には揺れがあり、Dockerを構成するコンポーネントの1つ「containerd」を高レベルランタイムとしDocker（dockerd含む）はさらに上位のエンジンとして位置付ける場合もあります。

Dockerはコンテナ実行だけではなく、コンテナのビルド機能などより幅広い機能を提供し、コンテナのワークフロー全体を管理できるツールとして広く用いられます。さらにSwarm modeというコンテナオーケストレーションの機能も提供します。

4-2-2 ▷ Podman

Podman[注5]はRed Hatを中心に開発が進められる、コンテナのワークフローを包括的に管理できるツールです（図4-4）。Docker互換なCLIを持つコンテナラ

注4) **URL** https://www.docker.com/
注5) **URL** https://podman.io/

≫ 図4-4　Podman

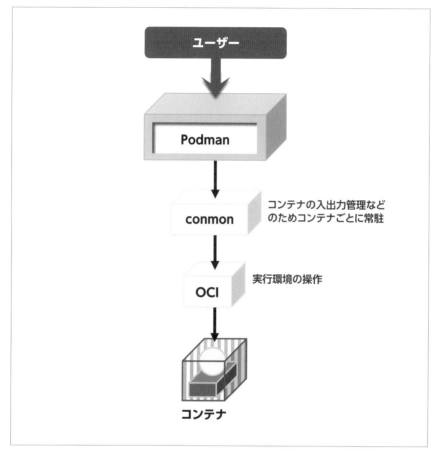

ンタイムで、Red Hatを中心にオープンソースで開発が進められています。イメージのビルド、配布、コンテナとしての実行など、コンテナの管理機能がDockerと互換なUIで提供されます。また、コンテナはPodmanのCLIコマンドから子プロセスとして実行され、イメージ管理もPodman CLIコマンドが直接ファイルシステム操作を行うなど、コンテナが共通のデーモンを使わないような設計（daemonless）を指向する点が特徴的です。この点は、クライアント／サーバアーキテクチャを採り、ホスト上で共通のdockerdによりコンテナやイメージを管理するDockerの設計とは対照的です。また、Podmanはコンテナごとにconmonと

呼ばれるプロセスを稼動し、各コンテナの入出力管理やログ収集などを行います。

　加えて、Podmanには複数のコンテナをまとめて実行する「Pod」機能があります。さらに、KubernetesのPod、DeploymentマニフェストをPodman上で実行したり、逆にPodman上のPodやコンテナから、それらをKubernetes上で実行したりするためのマニフェストを生成するなど、Kubernetesマニフェストをサポートする機能も持ちます[注6]。

注6)　**URL** https://docs.podman.io/en/v4.9.0/markdown/podman-kube.1.html

いろいろな高レベルランタイム（CRIランタイム）

この節では、Kubernetes環境で利用される高レベルランタイムであるCRIランタイムを紹介します。

4-3-1 ▶ containerd

containerd[注7]はCNCFの下で開発が進められているコンテナランタイムです（図4-5）。CNCFでは「graduated」プロジェクトとして位置付けられており、プロジェクトの成熟度の高さがうかがえます。containerdはCRIを実装しており、Google Kubernetes Engine[注8]、Azure Kubernetes Service[注9]、Amazon Elastic Kubernetes Service[注10]などで使われています。もともとはDockerの一部でしたが、現在は独立のプロジェクトとして開発が進められています。現在もDockerは、コンテナ実行のためにcontainerdを内部で使用しています[注11]。

プラガブルな設計が特徴であり、ユースケースに応じてプラグインを実装することでcontainerdを拡張できます。その例には、containerdサブプロジェクトでイメージのpullを高速化するプラグイン「stargz-snapshotter」[注12]や、AWS Fargateにおけるイメージのpull高速化プラグイン「soci-snapshotter」[注13]などが挙げられます。また、containerdは低レベルランタイムをshimと呼ばれるプラグインを通じて認識します。低レベルランタイムプロジェクトはそれぞれの設計に合わせてshimを実装することで、containerdを通じてそれら低レベ

注7) ⓊⓇⓁ https://containerd.io/
注8) ⓊⓇⓁ https://cloud.google.com/kubernetes-engine/docs/concepts/using-containerd?hl=ja
注9) ⓊⓇⓁ https://learn.microsoft.com/ja-jp/azure/aks/cluster-configuration#container-runtime-configuration
注10) ⓊⓇⓁ https://docs.aws.amazon.com/eks/latest/userguide/eks-optimized-ami.html
注11) Docker 24の現在では、イメージ管理についてはcontainerdを利用せず、Dockerデーモン自身が行っていますが、イメージ管理機能についてもcontainerdを利用する「containerd image store」という機能が実験的機能として実装されています（ⓊⓇⓁ https://docs.docker.com/storage/containerd/）。
注12) ⓊⓇⓁ https://github.com/containerd/stargz-snapshotter
注13) ⓊⓇⓁ https://github.com/awslabs/soci-snapshotter

≫ 図4-5 containerdとPod

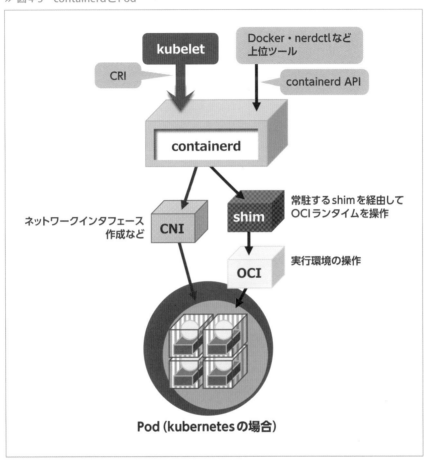

ルランタイムを操作できるようにします。たとえば、のちほど紹介するKata
Containersは、独自のshimを用いてcontainerdと統合しています[注14]。

さらにcontainerdは、CRIと異なる「containerd API」というAPIとそのクライ
アントライブラリを提供しています。これにより、Kubernetes（CRI）からの利用
だけでなく、任意のツールから、クライアントライブラリを使用してcontainerd
の利用ができます。

注14) URL https://github.com/kata-containers/kata-containers/blob/3.1.3/docs/design/architecture/
history.md

　たとえばDockerは、コンテナの管理のために、その内部においてクライアントライブラリ経由でcontainerdを利用する有名な例の1つです。ほかにも、mobyプロジェクトで開発されているビルドツールBuildKit[注15]や、containerdサブプロジェクトで開発が進められるDocker互換CLI「nerdctl」[注16]も、containerdを利用しています。

4-3-2 ▶ CRI-O

　CRI-Oも、CNCFに属するコンテナランタイムで、Kubernetes Node SIGやRed Hatを中心に開発が進められてきました（図4-6）。CNCFにおいては、「graduated」として位置付けられ、プロジェクトの成熟度の高さがうかがえます。CRI-OはKubernetesでの利用にフォーカスして開発が進められている点が特徴的で、containerdの持つプラガブルな設計や多様なツールとの統合という特徴と対照的です。

　CRI経由で利用されない機能（イメージビルドやレジストリへのpush機能など）はスコープに含まれておらず、バージョンもKubernetesを追従するように管理されています。Red Hat OpenShift、Oracle Linux Cloud Native Environmentなどの商用サービスでのサポート例があります[注17]。

　設計の面では、containerdとは異なりプラグイン指向ではありませんが、ストレージやイメージまわりの主要コンポーネントがそれぞれ独立のライブラリプロジェクトとして開発されている点が特徴的です。それらプロジェクトはGitHub上のcontainersオーガニゼーション配下でホストされています[注18]。

　containersオーガニゼーション配下のライブラリを用いるもう1つのコンテナランタイム実装には上述した「Podman」があり、CRI-Oと一部コードを共有しています。CRI-OもPodman同様、各コンテナの管理にconmonプロセスを用い、各コンテナの入出力管理やログ収集を行います。

注15）**URL** https://github.com/moby/buildkit
注16）**URL** https://github.com/containerd/nerdctl
注17）**URL** https://github.com/cri-o/cri-o/blob/v1.28.1/ADOPTERS.md
注18）**URL** https://github.com/containers/

≫ 図4-6　CRI-OとPod

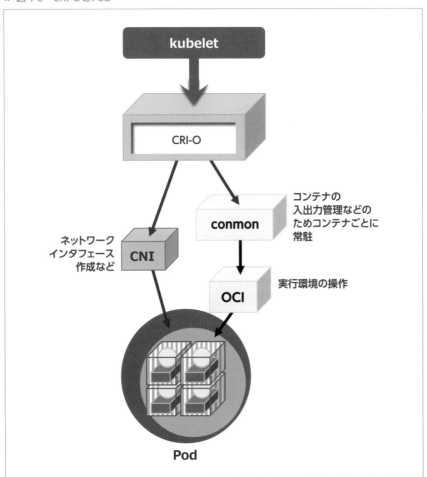

Pod

いろいろな低レベルランタイム

低レベルランタイムはOCIで定義されたインタフェースを通じて高レベルランタイムから指示を受け、ホストから隔離された実行環境を作成し、その操作手段を提供します。コンテナはアプリケーションをホストから隔離された実行環境で動作させる技術ですが、この実行環境の作り方は1つではなく、低レベルランタイムによってさまざまなバリエーションがあります。

4-4-1 ▶ runc

runc[注19]はOCIによるリファレンス実装のコンテナランタイムです（図4-7）。
多くのLinux環境では、Dockerから利用されるOCIランタイムとしてruncが

注19) **URL** https://github.com/opencontainers/runc

≫ 図4-7　runcの概要

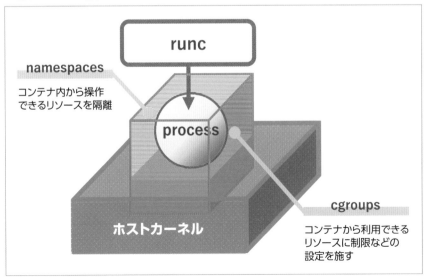

用いられます。もともとはDockerの一部として開発されていたlibcontainerと呼ばれるライブラリであり、OCI（当時OCP：Open Container Project）へ譲渡されました。コンテナの実行環境の作成には、Linuxカーネルの提供するnamespaceやcgroupなどの機能が利用されます。runcについては次節以降でも取り上げます。

4-4-2 ▶ gVisor

gVisor[注20] は、Google発のコンテナランタイムであり、Google CloudにおいてGKE Sandbox[注21]、Cloud Run[注22]（第1世代）などいくつかのサービスで使用されています。

gVisorは「ユーザー空間カーネル」と呼ばれる技術を用い、ホストに対して強く隔離されたコンテナ実行環境を提供する点が特徴的です（図4-8）。gVisorにおいては、Sentryと呼ばれるコンポーネントがユーザー空間で動作するカーネル実装になっています。

注20）**URL** https://gvisor.dev/
注21）**URL** https://cloud.google.com/kubernetes-engine/docs/concepts/sandbox-pods?hl=ja
注22）**URL** https://cloud.google.com/run/docs/container-contract?hl=ja#sandbox

≫ 図4-8　gVisorの概要

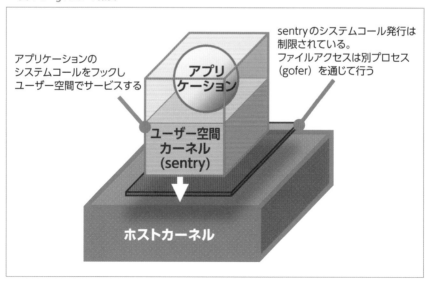

　Sentryは、Linuxのseccompやptrace機能などを利用してアプリケーションが発行したシステムコールを検出し、ユーザー空間でそれらをサービスします。SentryからホストOSへのシステムコール発行は制限されており、ファイルへのアクセスはgoferと呼ばれる別のプロセスを経由して行います。これにより、コンテナからホストOSに到達するシステムコールが制限されます。

　以上のように、gVisorはユーザー空間カーネルの技術を用いてコンテナとホスト間の隔離を強めています。ただしgVisorは現時点でいくつかのLinuxシステムコールが未実装である点には注意が必要です[注23]。

4-4-3 ▶ Kata Containers

　Kata Containers[注24]はOpenStack Foundationで開発が進められているコンテナランタイムで、Azure Kubernetes Serviceでpreview機能としての採用[注25]や、Baiduが提供するクラウドサービスでの導入例[注26]があります。

　Kata Containersも、ホストに対して強く隔離されたコンテナ実行環境を提供するランタイムですが、用いる技術はgVisorとは異なります。Kata Containersでは、コンテナ実行のためにチューニングされた、軽量な仮想マシンをPod単位で作成しその中でコンテナを実行します（図4-9）。

　仮想マシンの作成にいくつかのハイパーバイザ/VMMをサポートしています[注27]。たとえばその中には、AWS Lambda、AWS Fargateで軽量な仮想マシンとして用いられる「AWS Firecracker」も含まれています。仮想マシン内ではagentと呼ばれるコンポーネントが稼働し、VM内でコンテナを作成・管理します[注28]。

注23) **URL** https://gvisor.dev/docs/user_guide/compatibility/

注24) **URL** https://katacontainers.io/

注25) **URL** https://learn.microsoft.com/ja-jp/azure/aks/use-pod-sandboxing

注26) **URL** https://medium.com/kata-containers/kata-baidu-whitepaper-16ad04a5302

注27) **URL** https://github.com/kata-containers/kata-containers/blob/3.1.3/docs/hypervisors.md

注28) **URL** https://github.com/kata-containers/kata-containers/tree/3.1.3/docs/design/architecture
#agent

≫ 図4-9　Kata Containers の概要

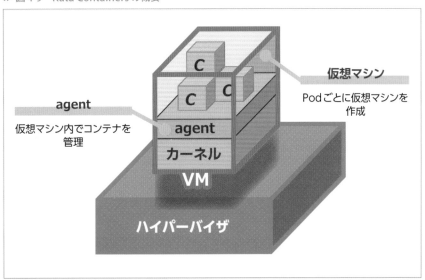

OCIの標準仕様

DockerとKubernetesはどちらも同じイメージやレジストリを扱えます。これによりdocker buildでビルドしたイメージを、レジストリを通じて両者で共有できます。また、前節ではさまざまなコンテナランタイム実装を見てきましたが、それらランタイムは互いに互換性を保ちながら開発が進められています。これにより、たとえばDockerから利用するランタイムをruncからgVisorに置き換えてコンテナを実行することなどができます。

このようなツール同士の相互運用性や互換性の担保に寄与しているのが、OCIと呼ばれる団体です。OCIは「Open Container Initiative[注29]」の略称で、Linux Foundatoinの後援のもと、コンテナ技術にまつわる標準仕様の策定や、そのリファレンス実装の開発などを行っています。2015年にDocker、CoreOSを始めとするコンテナ業界の企業から立ち上げられました。コンテナに関する要素技術であるランタイム、イメージ、レジストリの仕様はOCIによって標準化されています。本節では、それぞれの仕様の概要を紹介します。

4-5-1 ▶ OCI Runtime Specification

OCI Runtime Specification[注30]は、OCIによって策定されている低レベルランタイムの仕様です。そのため、低レベルランタイムはしばしば「OCIランタイム」と呼ばれます。上述したように、低レベルランタイムにはさまざまな実装がありますが、それらがRuntime Specificationに沿って開発されていることで、高レベルランタイムなど上位のコンポーネントからそれらを同じように利用できます。本節では、Runtime Specificationが定める仕様のうち、次の項目に注目します（図4-10）。

注29) **URL** https://opencontainers.org/
注30) **URL** https://github.com/opencontainers/runtime-spec/tree/v1.1.0

≫ 図4-10　コンテナのライフサイクルにまつわる仕様

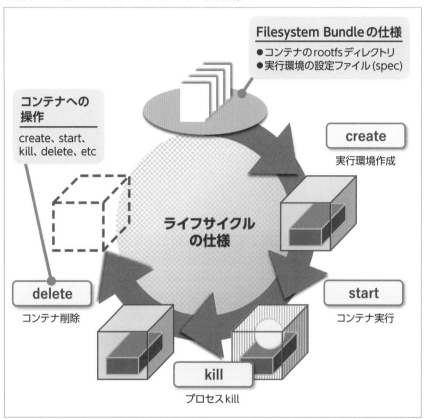

・コンテナの素

・コンテナのライフサイクル

・コンテナに対して可能な操作

　この節では執筆時点で最新のOCI Runtime Specification v1.1に基づいて記述します。

▎▶ コンテナの素

　コンテナを作るためには、まずその「素」が必要になります。コンテナの素は「Filesystem bundle」と呼ばれます。混同しやすいですが、これはコンテナイメー

≫ 図4-11　イメージとFilesystem bundle

ジではないという点に注意してください (図4-11)。

　Filesystem bundleは、たとえばcontainerdを始めとする高レベルランタイムなどがイメージをpullしたあと、そのイメージを構成するファイル群をruncなどの低レベルランタイムに渡すときの、その格納方法を定めた仕様です。

　Filesystem bundleの実態は、次のファイル群が格納されたディレクトリです。

・コンテナのルートファイルシステム
・コンテナ実行環境の設定ファイル

たとえばKubernetes環境では、高レベルランタイムがイメージをレジストリから取得し、それに含まれるルートファイルシステムや実行時情報、kubelet経由で渡される設定等を基にFilesystem bundleを作成します。実行環境の設定ファイルは、実行するコマンド（エントリポイント）、ユーザー、環境変数に加え、4-7節で紹介するnamespaceやcgroupなどの設定項目を含むJSONファイルです。低レベルランタイムは、Filesystem bundleに含まれるこれらのファイル群を用いてコンテナを作成します。

▎ コンテナのライフサイクル

　さらに仕様では、作り出されたコンテナがたどるライフサイクルも定義されています。

　仕様では各ステップ間にフック実行などの処理が挟まるものの、おおよそ❶〜❹のような流れになっています（図4-10）。

❶ Filesystem bundleをOCI準拠のランタイムに指定し、コンテナを作成する
❷ コンテナの実行を開始する
❸ コンテナ内のアプリケーションが終了する
❹ コンテナを削除する

▎ コンテナに対して可能な操作

　上記で定義されたライフサイクルに沿って、コンテナに可能な操作が次のように定義されています（図4-10）。

・create：コンテナを作成する
・start：コンテナ内でアプリケーションを実行する
・kill：コンテナを終了させる
・delete：コンテナを削除する
・state：コンテナの状態を取得する

　コンテナに対するこれらの操作が可能なよう、OCIに準拠したコンテナランタイムにはこれらのコマンドが実装されます。仕様上ではその実装方法に特に制限をしていませんが、これらの操作は低レベルランタイムの実行バイナリに

≫ 画面4-1　runcのstateコマンド

```
runc state <container-id>
```

対するサブコマンドとして実装されることが多いです。たとえばruncにおいては、stateコマンドが画面4-1のように実装されています。

4-5-2 ▷ OCI Image Specification

OCI Image Specification[注31]はOCIによって策定されているコンテナイメージの標準仕様です。コンテナイメージを構成するコンポーネント（ファイル）やそのディスク上での配置方法、各コンポーネントのメディアタイプなどを定義します[注32]。この節では執筆時点で最新のOCI Image Specification v1.0に基いて記述します。特に、コンテナイメージを構成する下記のコンポーネントに着目します（図4-12）。

・マニフェスト
・レイヤ
・コンフィギュレーション
・インデックス（optional）

▶ マニフェスト

1つのイメージを構成する核となるのがマニフェストと呼ばれるJSONファイルです。

これは1つのコンテナイメージの設計図のような役割を果たし、イメージを構成するほかのコンポーネント（レイヤとコンフィギュレーション）を指し示す「デスクリプタ」と呼ばれる情報が格納されます。デスクリプタは、指し示すコンポーネントのメディアタイプやサイズ、ダイジェスト（ハッシュ値）などを含

注31) **URL** https://github.com/opencontainers/image-spec/tree/v1.0
注32) なお、OCIイメージは、これまでコンテナとしての利用が一般的でしたが、コンテナに限らないより汎用的なデータ格納形式としても扱われるようになっています。たとえば、Kubernetes向けのパッケージマネージャ「HELM」においては、Kubernetesで実行するアプリケーションのデプロイ方法の定義などをまとめた「chart」と呼ばれるパッケージを、OCIイメージにまとめてレジストリを使って配布する機能を持ちます（**URL** https://helm.sh/docs/topics/registries/）。

≫ 図4-12　イメージを構成するコンポーネント

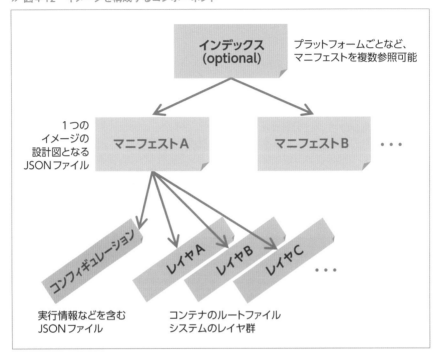

みます。マニフェストから指し示されるコンポーネント群がまとめて1つのイメージとして扱われます。

▶ レイヤ

　第2章でも述べたように、コンテナのルートファイルシステムのデータはレイヤ構造を取ります。レイヤのデータ形式にはいくつかのものが仕様で定められています。多くの場合、tarとgzipによるアーカイブ・圧縮が利用されますが、このほかにも圧縮なし（tar）のレイヤや、来たるv1.1ではzstd形式で圧縮したレイヤも仕様に含まれています[注33]。

▶ コンフィギュレーション

　コンフィギュレーションは、イメージをコンテナとして実行する際に必要な

注33）**URL** https://github.com/opencontainers/image-spec/blob/v1.0/layer.md

162

情報が記述された JSON ファイルです。これには、コンテナで実行するコマンド（エントリポイント）やユーザー、環境変数、ルートファイルシステムを構成するレイヤのリストなどが格納され、高レベルランタイムが前述の Filesystem bundle を作成するときなどに用いられます。

▶ インデックス

インデックスは optional なファイルですが、イメージをマルチアーキテクチャ対応させるなどの用途に有用な JSON ファイルです。インデックスにはマニフェストへの参照が格納されます。マニフェストへの参照は複数格納でき、それぞれについてイメージがターゲットとするアーキテクチャや OS などの情報を付与できます。

たとえばランタイムは、このインデックスを参照し、自身が稼動するノードのプラットフォームに合わせたマニフェスト（およびそれから参照されるコンフィギュレーションやレイヤ群）を選択し、pull できます。

4-5-3 ▶ OCI Distribution Specification

OCI Distribution Specification[注34] はコンテナレジストリの API を定義する仕様です。Docker Registry の HTTP API[注35] をベースに仕様が策定され、共通する部分が多くあります。この節では執筆時点で最新の OCI Distribution Specification v1.0 に基いて記述します。

仕様では、イメージの pull、push のための API や、イメージのタグ一覧取得のための API など、レジストリ上でイメージ操作を可能にする API が定義されています[注36]。仕様で定められる API のうち、特にイメージの pull、push に関係するものに表 4-1 があります。ここで特徴的なのは、コンテナのレイヤ構造や、イメージのマニフェストを起点とした構造が API にも反映されているという点です。

注34) **URL** https://github.com/opencontainers/distribution-spec/tree/v1.0
注35) **URL** https://docs.docker.com/registry/spec/api/
注36) なお、来たる OCI Distribution Specification v1.1 では、イメージ同士の参照関係を取得する API (Referrers API) を追加する議論も行われています (**URL** https://github.com/opencontainers/distribution-spec/blob/v1.1.0-rc3/spec.md#listing-referrers)。

≫ 図4-13　イメージのpullの流れ

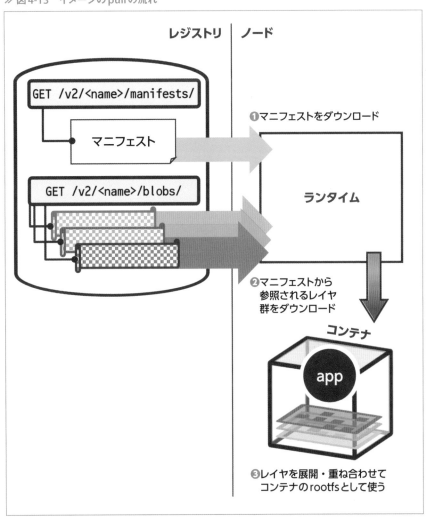

　たとえば図4-13に示すように1つのイメージのレジストリからのpullは❶〜
❷のような手順で行われます。

❶ランタイムはまずイメージのタグ名を用いてマニフェストを/v2/<name>/
manifests/<reference>APIからGETメソッドでダウンロードする

≫ 表4-1　マニフェストとAPI

操作	API
マニフェストのpull	GET /v2/\<name\>/manifests/\<reference\>
レイヤのpull	GET /v2/\<name\>/blobs/\<digest\>
マニフェストのpush	PUT /v2/\<name\>/manifests/\<reference\>
レイヤのpush	POST /v2/\<name\>/blobs/uploads/、PUT /v2/\<name\>/blobs/uploads/\<reference\>?digest=\<digest\>

❷次に、マニフェストに記載さているレイヤ群のダイジェストを名前として用
いながら、各レイヤを/v2/\<name\>/blobs/\<digest\>APIからGETメソッドで
ダウンロードする

　ランタイムはダウンロードしたこれらレイヤ群をディスクに展開し、コンテ
ナの実行時には2章で述べたようなoverlayファイルシステムなどを用いてそれ
らを重ね合わせることでルートファイルシステムを作成できます（図4-13の❸）。

runcを用いたコンテナ実行

　コンテナをとりまくコミュニティでは、前節で紹介した仕様に従ってさまざまなツールが開発されています。本節ではその代表例の1つとして、OCIによる低レベルランタイムのリファレンス実装であるruncを紹介します。Linux環境でDockerやKubernetesなどを用いる場合、一般的にはそれらツールは下位レイヤでruncを用いてコンテナを作成・操作するため、結果的に多くのコンテナユーザーが知らず知らずのうちにもruncを使っていると言えるでしょう。

　runcは前節で紹介したOCI Runtime Specificationに準拠して開発されています。具体的には、図4-14に示すように、runcバイナリのサブコマンドとして機能を実装しており、上位のツールからはruncをサブコマンド付きで実行することで、たとえばコンテナ作成など、コンテナにまつわる操作を行います。この節では実際にruncを操作することを通じてOCI Runtime Specificationが具体的にどのように実装されているのかを見ていきます。なお、本節で実行するコマンド例は、Ubuntu 22.04 (Linux 5.15.0-84-generic)、Docker 24、runc 1.1.9で動作を確認しています。本節で実行するコマンド例の多くがrootユーザーでの実行になる点に注意してください。

4-6-1 ▶ コンテナイメージの取得とコンテナの「素」の作成

　まずは、コンテナを作成するためにその「素」、すなわち下記からなるFilesystem bundleを用意します。

・コンテナのルートファイルシステム
・コンテナ実行環境の設定ファイル

　Filesystem bundleの実体は、runcがコンテナを作成するために必要となるデータを格納したディレクトリです。まずはFilesystem bundleとするためのディレ

≫ 図4-14　runcを通じたコンテナ操作

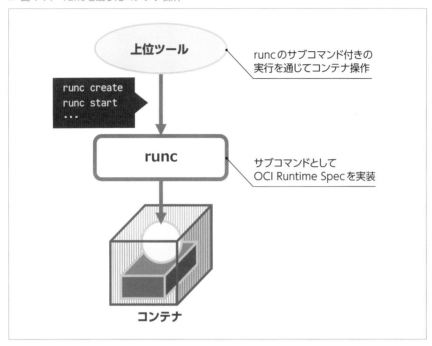

≫ 画面4-2　bundleディレクトリの作成

```
# mkdir bundle
```

≫ 画面4-3　bundle/rootfs内にルートファイルシステムを構成するファイルを格納する

```
# mkdir bundle/rootfs
# docker pull alpine:3.18
# docker run --rm --name tmp -d alpine:3.18 sleep infinity
# docker export tmp | tar -xC bundle/rootfs
# ls bundle/rootfs
bin  etc   lib    mnt  proc  run   srv  tmp  var
dev  home  media  opt  root  sbin  sys  usr
```

クトリとしてbundleを作成します（画面4-2）。

　次に、コンテナのルートファイルシステムを取得し、このbundleディレクトリに格納します（画面4-3）。本来は、第2章で紹介したoverlayファイルシステムなどを用いて実行したいイメージに含まれるレイヤを重ね合わせる必要があり

≫ 画面4-4　runcのspecサブコマンドで設定ファイルを得る

```
# runc spec -b bundle
# cat bundle/config.json | jq
{
  "ociVersion": "1.0.2-dev",
  "process": {
    "terminal": true,
    "user": {
      "uid": 0,
      "gid": 0
    },
    コンテナ実行環境に関する設定が記述されている
```

≫ 画面4-5　bundleディレクトリの中身を確認

```
# tree -L 1 bundle
bundle
├── config.json
└── rootfs

1 directory, 1 file
```

ますが、今回は例を簡単にするためにdocker exportコマンドを用いてルートファイルシステムを取得します。この時点で、画面4-3のようにbundle/rootfs内にコンテナのルートファイルシステムとして用いるファイル群が格納されます。

　さらに、コンテナ実行環境の設定ファイルを入手します。画面4-4のようにruncのspecサブコマンドを使うことで、runcにより基本的な設定が記述された設定ファイルが手に入ります。本来はコンテナに合わせてさまざまな設定をしますが、本節の例ではこれをそのまま用います。

　これでFilesystem bundleのできあがりです。bundleディレクトリを見てみると、画面4-5のように実行環境の設定ファイルとルートファイルシステムが格納されていることが確認できます。

4-6-2 ▶ コンテナの実行

　次に、作成したFilesystem bundleから実際にコンテナを実行してみます。OCI仕様で定められるコンテナの作成、実行は、それぞれ次のサブコマンドで実装されます。

≫ 画面4-6　runcのrunサブコマンドでコンテナを実行

```
# runc run -b bundle myalpine
/ # cat /etc/os-release
NAME="Alpine Linux"
ID=alpine
VERSION_ID=3.18.3
PRETTY_NAME="Alpine Linux v3.18"
HOME_URL="https://alpinelinux.org/"
BUG_REPORT_URL="https://gitlab.alpinelinux.org/alpine/aports/-/issues"
/ # ls
bin     etc     lib     mnt     proc    run     srv     tmp     var
dev     home    media   opt     root    sbin    sys     usr
/ # ps aux
PID   USER      TIME  COMMAND
    1 root      0:00  sh
    8 root      0:00  ps aux
```

・コンテナを作成するための、OCIのcreate操作：runcのcreateサブコマンド
・コンテナを実行するための、OCIのstart操作：runcのstartサブコマンド

　高レベルランタイムがruncを操作するときにも、これらのサブコマンドが利用されます。本節では、これらcreate操作とstart操作を1つにまとめた機能を持ち、シェル上からコンテナを実行するのに便利なrunサブコマンドを使用します。

　画面4-6に、runサブコマンドを用いてコンテナを実行する例を示します。-bオプションで先ほど作成したFilesystem bundleを指定することで、そこに格納された環境を定義するファイル（config.json）とルートファイルシステム（rootfsディレクトリ）をもとにコンテナが作成されます。この例では、コンテナ内でシェルを実行しています。このシェル上でlsコマンドやpsコマンドを実行してみると、確かにホストから隔離された環境、つまりコンテナの中であることが確認できます。

4-6-3 ▶ コンテナの停止、削除

　OCIの標準仕様で定められる次の操作も、runcにサブコマンドとして実装されています。

≫ 画面4-7　コンテナの終了

```
# runc kill myalpine KILL
```

・コンテナを停止するための、OCIのkill操作：runcのkillサブコマンド
・コンテナを削除するための、OCIのdelete操作：runcのdeleteサブコマンド

　本節の例では、別ターミナルから画面4-7のようにしてコンテナを終了できます。以上のように、runcはOCI Runtime Specificationで定められた操作をサブコマンドとして実装しており、加えて、createとstartを組み合わせたrunサブコマンドのような機能も追加されていることが、例を通じて確認できました。

実行環境作成に用いられる要素技術

ここからは、コンテナとしてホストと隔離された実行環境を作り出すのに用いられるLinux機能のうち、namespace と cgroup の概要を紹介します。

4-7-1 ▶ namespace

namespace[注37] は、あるプロセスから操作可能なリソースを、そのほかのプロセスから隔離できる機能です。namespaceにはいくつかの種類があり、以下のようにそれぞれ異なるリソースを管理します。コンテナの作成においては、一般にこれらのうちの複数のnamespaceを組み合わせ、実行環境を作成します（図4-15）。

注37) **URL** https://man7.org/linux/man-pages/man7/namespaces.7.html

≫ 図4-15　namespaceの組み合わせによる隔離

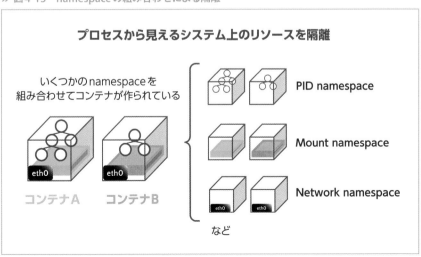

≫ 画面4-8　unshareコマンドでnamespaceを作成する例

```
# unshare -fpmn chroot bundle/rootfs /bin/sh
/ # cat /etc/os-release
NAME="Alpine Linux"
ID=alpine
VERSION_ID=3.18.3
PRETTY_NAME="Alpine Linux v3.18"
HOME_URL="https://alpinelinux.org/"
BUG_REPORT_URL="https://gitlab.alpinelinux.org/alpine/aports/-/issues"
/ # ls
bin     etc     lib     mnt     proc    run     srv     tmp     var
dev     home    media   opt     root    sbin    sys     usr
```

- ・PID namespace：プロセス群の隔離
- ・Mount namespace：マウントポイントリストの隔離
- ・Network namespace：ネットワーク関連のリソースの隔離
- ・UTS namespace：ホスト名などの隔離
- ・IPC namespace：プロセス間通信に関するリソースの隔離
- ・User namespace：ユーザー／グループや権限などの隔離

　ここでは例として、namespaceをシェルから操作するのに便利なunshareコマンドを用い、Dockerやruncが作成するコンテナのような、ホストから隔離された実行環境を作成してみます。画面4-8がその実行例です。

　本節のコマンド例はUbuntu 22.04（Linux 5.15.0-84-generic）での動作を確認しています。この例では、unshareコマンドのオプションを用いて、次の3つのnamespaceを作成します。また、新たに作成したnamespace内で、ルートファイルシステムの変更のためにchrootコマンドを実行します。

- ・p：PID namespace
- ・m：Mount namespace
- ・n：Netowrk namespace

　それぞれの詳しい仕様や、そのほかのnamespaceについてはmanページなどをご参照ください。たとえば、ここに含まれないUser namespaceについては、Dockerでは非rootユーザーでのコンテナ実行（rootlessコンテナと呼ばれます）

≫ 画面4-9　新たに作成したnamespace内で実行されているプロセス

```
/ # mount -t proc proc /proc
/ # ps -Ao pid,args
PID   COMMAND
    1 /bin/sh
    5 ps -Ao pid,args
```

≫ 画面4-10　新たに作成したnamespaceから見たsleepコマンドのプロセス

```
/ # sleep 12345 &
/ # ps -Ao pid,args | grep "sleep 12345" | grep -v grep
    6 sleep 12345
```
PIDは6になっている

の要素技術として用いられています[注38]。以降の節で、例で用いた各namespace
についてその概要を述べます。

PID namespace

　まず、PID namespaceをpオプションで作成し、fオプションを用いて/bin/
shをそのPID namespace内で新たなプロセスとして作成実行しました。ここで
新たに作成したnamespaceからホスト側で実行されているプロセスは見えず、
そのnamespace内ではPIDが1から振りなおされます。

　実際に、作成したnamespace内でprocfsをマウントし、実行されているプロ
セス一覧を見てみます（画面4-9）筆者のホスト上では数百のプロセスが稼動し
ていますが、新たに作成したnamespaceからは2つのプロセスだけが見えます。
unshareコマンドの引数に指定した/bin/shが、新たなPID namespaceでPID=1
のプロセスとして実行されています。

　また、新たなnamespace内で作成したプロセスには、このnamespace内か
ら見たPIDと、ホスト側のnamespaceから見たPID、少なくとも2つのPIDが付
与されています。たとえば、作成したnamespace内で画面4-10に示すように
sleepコマンドを実行するとそのPIDは6になっていますが、これを画面4-11に
示すようにホスト側から見るとPIDは3506と異なる番号が振られていることが
わかります。

注38) **URL** https://docs.docker.com/engine/security/rootless/

≫ 画面4-11　ホストのnamespaceから見たsleepコマンドのプロセス

```
# ps -Ao pid,cmd | grep "sleep 12345" | grep -v grep
   3506 sleep 12345
   PIDは3506になっている
```

≫ 画面4-12　新たに作成したnamespace内ではprocfsがマウントされている

```
/ # cat /proc/$$/mounts | grep proc
proc /proc proc rw,relatime 0 0
```

≫ 画面4-13　ホストからはマウントポイントの追加は見えない

```
# cat /proc/$$/mounts | grep bundle/rootfs/proc
   bundle内のマウントポイントが見えない
# ls bundle/rootfs/proc/
   ディレクトリに何も格納されていない
```

Mount namespace

Mount namespaceをmオプションで作成しました。これにより、新たな
namespaceでマウントポイントのリストを更新、つまり新たにマウントポイン
トをマウント・アンマウントした場合も、その変更はホストには見えません。

たとえば、先ほど/procにマウントしたprocfsはこのnamespace内のシェ
ルプロセスからは見えますが（画面4-12）、ホスト側のシェルプロセスからは
見ることができません（画面4-13）。ただし、本節では詳しく立ち入りません
が、namespace間でマウント・アンマウントのイベントを共有できるshared
subtreeと呼ばれる機能もあります。

runcなどでコンテナを作成する場合には、コンテナ用のmount namespace
内でprocfsに限らずさまざまなマウントポイント操作が行われます。そもそ
も、プロセスのルートディレクトリ（"/"）を変更する操作については、この例で
はchrootを用いましたが、runcはpivot_root (2)というシステムコールを用い、
namespace内のルートディレクトリ（"/"）のマウントポイントをコンテナのルー
トファイルシステムが格納されるディレクトリへと変更することで行います。
このとき、そのマウントポイント操作はコンテナのmount namespace内で行わ
れるため、ルートディレクトリのマウントポイント変更はシステム全体に影響
しません。

≫ 画面4-14　新しく作成したnamespace内でipコマンドを実行する

```
/ # ip a
1: lo: <LOOPBACK> mtu 65536 qdisc noop state DOWN qlen 1000
    link/loopback 00:00:00:00:00:00 brd 00:00:00:00:00:00
```

≫ 画面4-15　ホスト上からipコマンドを実行する

```
# ip a
1: lo: <LOOPBACK,UP,LOWER_UP> mtu 65536 qdisc noqueue state UNKNOWN group
default qlen 1000
    link/loopback 00:00:00:00:00:00 brd 00:00:00:00:00:00
    inet 127.0.0.1/8 scope host lo
       valid_lft forever preferred_lft forever
    inet6 ::1/128 scope host
       valid_lft forever preferred_lft forever
2: enp0s3: <BROADCAST,MULTICAST,UP,LOWER_UP> mtu 1500 qdisc fq_codel state UP
group default qlen 1000
```
ホストから利用可能なインタフェースが表示される

▶ Network namespace

Network namespaceをnオプションで作成しました。これにより、ネットワークデバイスなどのネットワーク関連リソースがホストのnamespaceから隔離されます。

たとえば画面4-14、画面4-15のようにipコマンドを実行してみると、ホスト側から利用可能なネットワークデバイスも新たに作成したnamespace内から利用できないことがわかります。DockerやCNIプラグインは、この新たに作成されたnetwork namespaceに、コンテナを通信可能にするためにネットワークインタフェースを作成します。

加えて、network namespaceの役割に抽象Unixソケットの隔離があります。Unixソケットはプロセス間通信の機能で、たとえばDockerもCLIとdockerd間の通信にファイルシステム上のパス/run/docker.sockに配置されたUnixソケットを使います。またUnixソケットはファイルシステムパスに対応させず、名前を与えて作成することも可能で、これが抽象Unixソケットと呼ばれます。

パスに対応するUnixソケットはファイルシステムによるアクセス管理（オーナシップなど）ができますが、抽象Unixソケットにはその機能がありません。ここで、network namespaceにより、ホスト上でプロセス間通信などに利用され

第**4**章　コンテナランタイムとコンテナの標準仕様

≫ 画面4-16　ホストの抽象Unixソケット

```
# grep -ao '@.*' /proc/net/unix
@/org/kernel/linux/storage/multipathd
@ISCSIADM_ABSTRACT_NAMESPACE
```

≫ 画面4-17　新しく作成したnamespaceからホストの抽象Unixソケットは見えない

```
/ # grep -ao '@.*' /proc/net/unix
出力なし
```

る抽象Unixソケットが、namespace内から見えないよう隔離できます。network
namespaceを有効化せず、ホストの抽象Unixソケットをコンテナに露出するこ
とによる過去の脆弱性例などについては、著者の同僚の須田瑛大氏の記事[39]に
まとまっていますので、気になる方は参照ください。

　今回の例でも、Unixソケットが列挙される/proc/net/unixファイルを実際に
読むと、ホストの抽象Unixソケット（画面4-16）がnetwork namespace内（画面
4-17）からは見えないことがわかります[40]。

4-7-2 cgroup

　cgroup[41]は、プロセスが使用可能なリソースについて、たとえば次を含むさ
まざまな設定を施せる機能です。

・デバイスファイルへのアクセス権限
・プロセスから利用可能なCPUの制限
・プロセスが利用可能なメモリ使用量の制限

　設定対象となる各リソースは「サブシステム」または「リソースコントローラ」（あ
るいは単純に「コントローラ」）と呼ばれるカーネルのコンポーネントで管理され、

注39) 「[CVE-2020-15257] Don't use --net=host . Don't use spec.hostNetwork .」**URL** https://medium.
com/nttlabs/dont-use-host-network-namespace-f548aeeef575
注40) /proc/net/unixの出力において、抽象Unixソケットの名前は'@'から始まります（**URL** https://man7.org/
linux/man-pages/man5/proc.5.html）。
注41) **URL** https://man7.org/linux/man-pages/man7/cgroups.7.html

≫ 画面4-18　cgroup ファイルシステム（cgroup v1）

```
# ls /sys/fs/cgroup
blkio       cpu,cpuacct   freezer    net_cls                 perf_event   systemd
cpu         cpuset        hugetlb    net_cls,net_prio        pids         unified
cpuacct     devices       memory     net_prio                rdma
```

それらコントローラへの設定は「cgroup ファイルシステム」を通じて行います。

　cgroup には現在も広く使われる「v1」と、すでにいくつかのディストリビューションで使われており今後主流になることが予想される「v2」と2つのバージョンがあるため、この節ではそれぞれについて簡単に紹介します。

▶ cgroup v1

　cgroup v1 では、コントローラごとに cgroup ファイルシステムが分かれており、たとえば cgroup v1 が有効な Ubuntu 20.04 では /sys/fs/cgroup 配下にそれぞれのコントローラ用の cgroupfs がマウントされています（画面4-18）。

　図4-16に示すように、cgroup ファイルシステムはディレクトリに沿った階層構造をしており、各ディレクトリが1つの「cgroup」と呼ばれるプロセスの集まりを表します。

　プロセスは、これら cgroup（ディレクトリ）のいずれかに所属し、ディレクトリごとに、それに所属するプロセス群へのリソース設定が行われます。ある cgroup に施した設定はその下位の cgroup にも効果が適用され、たとえばリソースの利用制限を施す場合には階層構造の根から葉に沿って制限が強まるような構造になります。

　cgroup はコンテナの実装にも用いられており、その用途の1つに、コンテナからアクセス可能なデバイスの制限があります。ここではその例として、先ほど unshare コマンドで実行したシェルから、ディスクデバイス /dev/sda（ブロックデバイス、メジャー番号：マイナー番号＝8：0）の操作を拒否するよう設定を施してみます。

　本節の例は cgroup v1 が有効な Ubuntu 20.04（Linux 5.4.0-163-generic）での動作を確認しています。なお、cgroup v2 環境（Ubuntu 22.04 など）における例については、次節を参照してください。設定をする前は、画面4-19に示すように

≫ 図4-16　cgroup v1 ファイルシステム

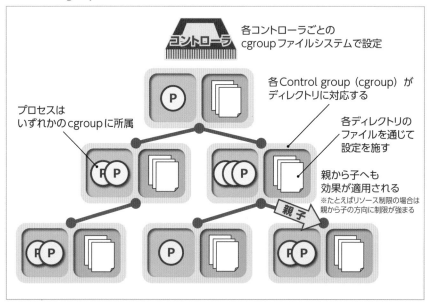

≫ 画面4-19　unshareで作成した実行環境で/dev/sdaデバイスを読む

```
/ # mknod /dev/sda b 8 0
/ # hexdump -n 4 /dev/sda
内容がダンプされる
```

/dev/sdaのダンプ（例では先頭4バイト）ができます。

　デバイスアクセスに関する設定は、「devices」コントローラ（/sys/fs/cgroup/
devices）から行います。画面4-20に示すように、まず、根っこのcgroup（root
cgroup）の直下に、新たなcgroupとしてunshare_demoという名前のディレクト
リを作成し、この中に設定を記述していきます。この時点ではunshare_demoに
デバイスアクセスの制限は施されていません。なおroot cgroupにはデバイスア
クセスの制限が設定されていないものとします。

　次に、同じく画面4-20に示すようにcgroup内のdevices.denyファイルへ設
定を書き込みます。このファイルには、そのcgroup内でアクセスを拒否したい
デバイスについて設定を施すのに使用します。ここでは、/dev/sdaの操作を拒
否する設定として、devices.denyファイルにb 8：0 rw（b=ブロックデバイス、

≫ 画面4-20　ホスト上でcgroupの設定

```
# mkdir /sys/fs/cgroup/devices/unshare_demo  cgroupを新たに作成する
# echo "b 8:0 rw" > /sys/fs/cgroup/devices/unshare_demo/devices.deny
 /dev/sdaの読み込み・書き込みを拒否
# echo 4423 > /sys/fs/cgroup/devices/unshare_demo/cgroup.procs
 シェルプロセスをこのcgroupに所属させる
```

≫ 画面4-21　unshareで作成した実行環境から/dev/sdaが読めなくなっている

```
/ # hexdump -n 4 /dev/sda
hexdump: /dev/sda: Operation not permitted
```

8：0＝メジャー番号：マイナー番号、rw＝読み込み・書き込み）を設定します。

　最後にunshareで作成した実行環境で実行されているシェル（/bin/sh。この例の場合、ホストから見たPID=4423）をこのcgroupに所属させるために、cgroup.procsファイルにそのPIDを書き込みます。シェルからフォーク・実行されるプロセスも同じcgroupの所属設定を引き継ぐため、実行コマンドも同様の制限を受けることになります。

　以上の設定を施すと、たとえば画面4-21に示すようにunshareで作成した実行環境内のシェルから/dev/sdaのダンプができなくなっていることが確認できます。

　Dockerを通じて作成されるコンテナにも、devicesコントローラを用いた制限が施されています。画面4-22に示すように、Dockerで作成したコンテナからdevicesコントローラ（/sys/fs/cgroup/devices）を覗いてみると、デバイスアクセスについて設定が施されていることがわかります。

　devicesコントローラのさらなる詳細な仕様についてはドキュメントなどを参照ください[注42]。

▶ cgroup v2

　本章の例で利用するUbuntu 22.04を含む、いくつかのLinuxディストリビューションではcgroup v2がデフォルトで使用されます。runc[注43]（v1.0.0-rc93以降）

注42) **URL** https://www.kernel.org/doc/Documentation/cgroup-v1/devices.txt
注43) **URL** https://github.com/opencontainers/runc/blob/v1.1.9/docs/cgroup-v2.md

≫ 画面4-22 コンテナに施されたcgroup設定を覗く（cgroup v1）

```
$ docker run -it --rm busybox:1.31 /bin/sh
/ # echo $$   シェルプロセスがPID=1で実行されている
1
/ # cat /sys/fs/cgroup/devices/cgroup.procs   シェルが所属するcgroupディレクトリ
1
6
/ # cat /sys/fs/cgroup/devices/devices.list   このcgroupからアクセス可能なデバイスのリスト
b *:* m
c *:* m
c 1:3 rwm
c 1:5 rwm
c 1:7 rwm
c 1:8 rwm
c 1:9 rwm
c 5:0 rwm
c 5:1 rwm
c 5:2 rwm
c 10:200 rwm
c 136:* rwm
```

やDocker[注44]（20.10以降）、Kubernetes[注45]（1.25以降）もcgroup v2環境での動作をサポートしています。

v2においても、リソース設定はディレクトリによる階層構造なファイルシステムで管理され、根から葉に沿って制限が強まるような構造を持ちます。しかしv1とは異なり、v2ではコントローラごとにファイルシステムは分かれておらず、図4-17に示すように、システム上の単一のcgroupファイルシステムですべてのコントローラの設定を行います。また、プロセスは、階層構造のうち基本的に根か末端のcgroupに所属します。

たとえばUbuntu 22.04で/sys/fs/cgroup配下を見てみると、1つのディレクトリにさまざまなコントローラの設定ファイル（cpu.*、io.*、memory.*など）がまとまっていることがわかります（画面4-23）。

各ディレクトリのcgroup.controllersファイルにそのcgroupで利用可能なコントローラが記載されます。子cgroupで利用可能なコントローラを指定することも可能で、cgroup.subtree_controlに設定を記載して子cgroupのcgroup.

注44) URL https://docs.docker.com/engine/release-notes/20.10/
注45) URL https://kubernetes.io/docs/concepts/architecture/cgroups/

≫ 図4-17 cgroup v2 ファイルシステム

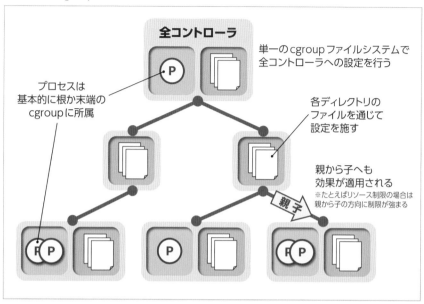

全コントローラ

単一のcgroupファイルシステムで
全コントローラへの設定を行う

プロセスは
基本的に根か末端の
cgroupに所属

各ディレクトリの
ファイルを通じて
設定を施す

親から子へも
効果が適用される
※たとえばリソース制限の場合は
親から子の方向に制限が強まる

親子

≫ 画面4-23 cgroupファイルシステム（cgroup v2）

```
# ls /sys/fs/cgroup
cgroup.controllers        io.cost.qos
cgroup.max.depth          io.pressure
cgroup.max.descendants    io.prio.class
cgroup.procs              io.stat
cgroup.stat               memory.numa_stat
cgroup.subtree_control    memory.pressure
cgroup.threads            memory.stat
cpu.pressure              misc.capacity
cpuset.cpus.effective     proc-sys-fs-binfmt_misc.mount
cpuset.mems.effective     sys-fs-fuse-connections.mount
cpu.stat                  sys-kernel-config.mount
dev-hugepages.mount       sys-kernel-debug.mount
dev-mqueue.mount          sys-kernel-tracing.mount
init.scope                system.slice
io.cost.model             user.slice
# cat /sys/fs/cgroup/cgroup.controllers  利用可能なコントローラ
cpuset cpu io memory hugetlb pids rdma misc
# cat /sys/fs/cgroup/cgroup.subtree_control  子cgroupで利用可能なコントローラ
cpuset cpu io memory pids
```

controllersの内容を変更できます[46]。

　cgroup v1は柔軟性のある設計を持ち、各コントローラの階層構造が独立だったり、プロセスが中間のcgroupに所属できたりしましたが、一方でv2では上記のようにその構造を単純化しました。

　ここでも、unshareコマンドにより隔離環境内で実行したシェルから、ディスクデバイス/dev/sda（ブロックデバイス、メジャー番号：マイナー番号=8:0）の操作を拒否する例を示します。なお、Ubuntu 22.04(Linux 5.15.0-84-generic)での動作を確認しています。

　ここで、v2の特徴の1つとして、デバイスアクセスを管理するdeviceコントローラの操作は、v1のdevices.denyのようなファイルの読み書きではなく、Linuxの「eBPF[47]」という機能を用いて操作します。eBPFは、Linuxカーネルが持つプログラム実行環境で、プログラムをカーネル内のeBPF用の実行環境にロードして実行することで、カーネルの動作をさまざまな形で変更したり拡張できたりします。eBPFは、たとえばシステムコールのトレーシングやネットワークパケット処理などさまざまな用途に使われ、cgroup v2のデバイス制御もその用途の1つです。本節では、eBPFについては詳しく述べませんが、興味のある方はカーネルのドキュメント[48]などを参照してください。

　本節では、ターミナル上で試しやすい例として、本書で用いているUbuntu 22.04を含むLinuxディストリビューションで、initプロセスとして稼動するsystemd[49]を用いた例を示します。ここでは、プロセス群へのcgroupの設定に、systemdが提供するコマンド群を利用します。マシン上でcgroupディレクトリの作成やeBPFプログラムロードなど、具体的なcgroup操作は、systemdによって行われます。

　まず、デバイスアクセスの設定をする前は、前節同様、unshareによる実行環境内から/dev/sdaのダンプ（例では先頭4バイト）ができます（画面4-24）。

注46）具体的には「+pids -memory」のようにスペース区切りのコントローラ名を書き込みます。接頭辞+は有効化、-は無効化を表します。より詳細な設定についてはmanなどを参照ください（**URL** https://man7.org/linux/man-pages/man7/cgroups.7.html）。

注47）**URL** https://ebpf.io/

注48）**URL** https://docs.kernel.org/admin-guide/cgroup-v2.html#device-controller

注49）**URL** https://systemd.io/

≫ 画面4-24　unshareで作成した実行環境で/dev/sdaデバイスを読む

```
/ # mknod /dev/sda b 8 0
/ # hexdump -n 4 /dev/sda
 内容がダンプされる
```

≫ 画面4-25　systemdを用いてcgroupを作成し、その中でunshareを実行

```
# systemd-run -p "DeviceAllow=/dev/sda m" --unit=unshare_demo --scope unshare
-fpmn chroot bundle/rootfs /bin/sh
Running scope as unit: unshare_demo.scope
/ # mknod /dev/sda b 8 0
/ # hexdump -n 4 /dev/sda  /dev/sdaの読み取りが拒否される
hexdump: /dev/sda: Operation not permitted
```

　画面4-25では、ホスト上でsystemd-runコマンド[注50]を使い、あらためてunshareコマンドを実行して実行環境を作り、その中でシェルプロセスを実行しています。--scopeフラグにより、systemd-runが、引数に指定したunshareコマンドを同期的に実行します。unshareプロセスやそこから実行されるシェルプロセスは、systemdによって新たに作成したcgroupに所属します。/dev/sdaの操作を拒否する設定として、-pフラグでDeviceAllow=/dev/sda m (/dev/sda=sdaデバイスのパス、m=デバイスファイル作成だけ許可し読み書きは許可しない[注51]) という設定 (プロパティ) をsystemdに与えています。

　シェルからフォーク・実行されるプロセスも同じcgroupの所属設定を引き継ぐため、実行コマンドも同様の制限を受けることになります。画面4-25のように次行のプロンプトからシェルを実際に操作してみると、/dev/sdaが読めないことがわかります。

　画面4-26に示すように、上記コマンド出力から得られたunshare_demo.scopeという名前を使い、cgroupの情報を表示できるsystemd-cglsコマンドを別のターミナルで実行することで、作成したcgroupディレクトリの場所がわかります。

　そのcgroupディレクトリ (例では/sys/fs/cgroup/system.slice/unshare_demo.scope/) を覗いてみると、所属プロセスの一覧が記載されるcgroup.

注50) **URL** https://www.freedesktop.org/software/systemd/man/systemd-run.html
注51) **URL** https://www.freedesktop.org/software/systemd/man/systemd.resource-control.html#DeviceAllow=

≫ 画面4-26　cgroupが作成されていることの確認

```
# systemd-cgls -u unshare_demo.scope
Unit unshare_demo.scope (/system.slice/unshare_demo.scope):
├─3640 /usr/bin/unshare -fpmn chroot bundle/rootfs /bin/sh
└─3641 /bin/sh
# cat /sys/fs/cgroup/system.slice/unshare_demo.scope/cgroup.procs
 unshareとシェルが所属するcgroupディレクトリ
3640
3641
# ps -o pid,args -p "3640 3641"
   PID COMMAND
  3640 /usr/bin/unshare -fpmn chroot bundle/rootfs /bin/sh
  3641 /bin/sh
```

procsファイルに、unshareとその実行環境中で実行されるシェルが含まれることが確認できます。

　Dockerはv20.10以降、cgroup v2環境でのコンテナ実行をサポートしています。画面4-27のように、実際にcgroup v2を有効化した環境でDockerを使ってコンテナを起動してみると、cgroupを覗くことができます。

　cgroup v1、v2両方に関連するLinux機能として、プロセスへcgroup階層構造の限定的な範囲を見せることができる「cgroup namespace」という機能があります。ここでcgroup v2ではnsdelegate機能という機能が導入され、これによりcgroup namespace内のプロセスをその外のcgroupに移動できないようにしたり、設定ファイルへの書き込みを制限するなど、さらなる保護が加わりました。このように、cgroup v2では非特権ユーザーからの操作に関する機能も拡充されています。

　以上のように、コンテナとしてホストから隔離された実行環境を作り出すために、カーネルが提供するnamespaceやcgroupなどの機能が用いられています。

≫ 画面4-27　コンテナに施されたcgroup設定を覗く（cgroup v2）

```
$ docker run -it --rm busybox:1.31 /bin/sh
/ # echo $$   シェルプロセスがPID=1で実行されている
1
/ # cat /sys/fs/cgroup/cgroup.procs   シェルが所属するcgroup
1
7
/ # ls /sys/fs/cgroup/
cgroup.controllers        cpuset.cpus               memory.low
cgroup.events             cpuset.cpus.effective     memory.max
cgroup.freeze             cpuset.cpus.partition     memory.min
cgroup.kill               cpuset.mems               memory.numa_stat
cgroup.max.depth          cpuset.mems.effective     memory.oom.group
cgroup.max.descendants    hugetlb.2MB.current       memory.pressure
cgroup.procs              hugetlb.2MB.events        memory.stat
cgroup.stat              hugetlb.2MB.events.local  memory.swap.current
cgroup.subtree_control    hugetlb.2MB.max           memory.swap.events
cgroup.threads            hugetlb.2MB.rsvd.current  memory.swap.high
cgroup.type              hugetlb.2MB.rsvd.max      memory.swap.max
cpu.idle                 io.max                    misc.current
cpu.max                  io.pressure               misc.max
cpu.max.burst            io.prio.class             pids.current
cpu.pressure             io.stat                   pids.events
cpu.stat                 io.weight                 pids.max
cpu.uclamp.max           memory.current            rdma.current
cpu.uclamp.min           memory.events             rdma.max
cpu.weight               memory.events.local
cpu.weight.nice          memory.high
```

4-8 まとめ

　本章では、DockerやKubernetesがその足元でコンテナの作成に使うコンポーネント「コンテナランタイム」に注目し、コンテナを作るのに使われる周辺技術やコンテナの標準仕様について述べました。

　まず、コンテナランタイムの2つの種類として「高レベルランタイム」と「低レベル（OCI）ランタイム」の概要やその連携の流れについて述べました。

　また、高レベルランタイム、低レベルランタイムそれぞれについて、具体的な実装をいくつか紹介しました。

　後半では、特にOCIの定める標準仕様のうち、Runtime Specification、Image Specification、Destribution Specificationに注目し、そのあと、OCIランタイムのリファレンス実装であるruncの概要を、コマンド例をまじえながら述べました。

　最後に、runcなどLinuxで動作するOCIランタイムで、コンテナ作成の要素技術として用いられるnamespaceとcgroupの概要を紹介しました。

索引

索引

● **著者プロフィール**

徳永航平（とくながこうへい）

日本電信電話株式会社ソフトウェアイノベーションセンタ所属。入社以来、コンテナとオープンオソース ソフトウェア（OSS）に関する活動に従事。CNCF containerdのレビュワ、MobyプロジェクトのBuildKitメン テナを務めながら、コンテナイメージを高速に配布する技術（lazy pulling）に取り組む。また、コンテナラン タイムに焦点をあてたコミュニティミートアップContainer Runtime Meetupを共同運営している。学生時 代からの趣味は楽器演奏（トロンボーン）。

● **Staff**

本文設計・組版・トレース作画 ▶ マップス　石田　昌治
装丁 ▶ TYPEFACE
担当 ▶ 池本　公平
Webページ ▶ https://gihyo.jp/book/2024/978-4-297-14055-7
※本書記載の情報の修正・訂正については当該Webページで行います。

Software Design plusシリーズ

［改訂新版］イラストでわかる
DockerとKubernetes
どっかーくーばねていす

2024年3月16日　初版　第1刷発行

著　　　者　徳永航平
　　　　　　とくながこうへい
発　行　者　片岡　巌
発　行　所　株式会社技術評論社
　　　　　　東京都新宿区市谷左内町21-13
　　　　　　電話　03-3513-6150　販売促進部
　　　　　　　　　03-3513-6170　雑誌編集部
印刷／製本　日経印刷株式会社

定価はカバーに表示してあります。

ISBN978-4-297-14055-7 C3055

Printed in Japan

■ **お問い合わせについて**

・ご質問は、本書に記載されている内容に 関するものに限定させていただきます。 本書の内容と関係のない質問には一切 お答えできませんので、あらかじめご了承 ください。

・電話でのご質問は一切受け付けており ません。FAXまたは書面にて下記までお 送りください。また、ご質問の際には、書 名と該当ページ、返信先を明記してくだ さいますようお願いいたします。

・お送りいただいた質問には、できる限り 迅速に回答できるよう努力しております が、お答えするまでに時間がかかる場合 がございます。また、回答の期日を指定い ただいた場合でも、ご希望にお応えでき るとは限りませんので、あらかじめご了承 ください。

■ **問合せ先**
〒162-0846
東京都新宿区市谷左内町21-13
株式会社技術評論社　雑誌編集部
「改訂新版・イラストでわかる
DockerとK8s」係
FAX　03-3513-6179